高职高专家具设计与制造专业系列教材

家具制图

（第二版）

周雅南　周佳秋　编著

中国轻工业出版社

图书在版编目（CIP）数据

家具制图/周雅南，周佳秋编著．—2版．—北京：中国轻工业出版社，2024.8

全国高职高专家具设计与制造专业“十二五”规划教材

ISBN 978－7－5184－0709－5

Ⅰ.①家…　Ⅱ.①周…②周…　Ⅲ.①家具—制图—高等职业教育—教材
Ⅳ.①TS664

中国版本图书馆CIP数据核字（2015）第268405号

责任编辑：陈　萍

策划编辑：林　媛　陈　萍　　责任终审：张乃柬　　封面设计：锋尚设计

版式设计：宋振全　　责任校对：晋　洁　　责任监印：张　可

出版发行：中国轻工业出版社（北京鲁谷东街5号，邮编：100040）

印　　刷：三河市万龙印装有限公司

经　　销：各地新华书店

版　　次：2024年8月第2版第8次印刷

开　　本：787×1092　1/16　印张：8

字　　数：190千字

书　　号：ISBN 978-7-5184-0709-5　定价：25.00元

邮购电话：010－85119873

发行电话：010－85119832　010－85119912

网　　址：http://www.chlip.com.cn

Email：club@chlip.com.cn

241390J2C208ZBW

前言（第二版）

图样是信息的重要载体，也是传递信息的重要手段。任何现代设计与制造过程都离不开图样。对于家具设计与制造过程来说，图样同样是不可或缺的重要文件。要凝聚和表达设计思想意图，最直观又准确的方法是制图。因此，家具设计与制造专业的教学计划中“家具制图”是必不可少的基础课程。学生必须掌握家具制图的基本理论和实际作图技能，才能顺利进行家具设计与制造专业中一系列专业课程的学习和设计实践。本书内容的选编充分考虑到了学生空间思维的培养和制图基础理论的学习，以及实际从事设计与制造家具时作图的技能需要。

本书在内容上遵循当前国家轻工行业标准《QB/T 1338—2012 家具制图》。新标准许多内容与原来的家具制图标准 QB 1338—1991 比较，没有变动的则本书保留原有内容。新标准中只有文字叙述而无实例图形的，本书则补充加上图形或对一些画法加以说明，以便正确贯彻 QB/T 1338—2012 新标准，如图样中的字体规定、图线画法等。对于新标准中个别明显有误处加以改正并画出正确图形，如图线画法、螺纹连接等。

计算机绘图高效快捷，现已被广泛使用，它借助的绘图软件如流行的 AutoCAD 等已能满足多种行业制图的需求。针对家具行业情况，这里要指出的是，无论使用计算机、手工还是绘图仪等成图方法，都是一种手段，制图时仍然要注意正确贯彻有关制图标准，特别是国家标准如《技术制图》。本书特别注意尽可能利用和介绍国家标准作为借鉴参考，这也是为今后家具制图标准全面融入国家标准作准备。

学习“家具制图”必须动手做一系列相关的练习和作业，只有循序渐进，并经过一定数量的作图练习后才能掌握。因此，任课教师必须结合专业实际需要编绘制图习题集，以便学生学习，实际掌握和逐步提高学生的识图及绘图能力。

编　者

2015 年 8 月

前言（第一版）

本书是家具行业职业技术教育教材之一。编写时以识读家具图样为目的，兼顾一般识图画图的基本理论知识。在内容上以行业标准《家具制图》QB 1338—91 为准绳，而对于近年来新发布的部分技术制图国家标准也力求在本书介绍贯彻，如图纸幅面和格式、投影法、字体等新标准。同时为满足学员设计家具时制图技能的需要，在本书最后部分以实用为主扼要地介绍了透视图的做图方法。

学习《家具制图》能结合工作实践更好。同时在学习不同阶段能做相应的练习实属必要，因此在应用本书作为职业培训教材或专科教材时，建议教师应按实际需要编绘相配套的习题集，以使学员循序渐进地完成一系列作业，从而提高学员的识图绘图能力。

编　者

1999 年 11 月

目　录

第一章　制图基本知识

为了使图样正确无误地表达设计者的意图，以便制造者正确掌握、理解设计要求，从而组织加工制造，图样的画法就要遵循一定的规则。要理解图样的内容，除了具备必要的绘制图样的基本理论、生产技术知识外，还要了解图样表达的规则，这就是制图标准。

对于一些基本的各行各业凡制图都必须涉及的内容，国家技术监督局已经颁布了一系列统一的制图标准，也就是国家标准《技术制图》，例如《图纸幅面和格式》《标题栏》《字体》《投影法》等。本章有关标准的介绍即依据我国家具行业目前执行的轻工行业标准《QB/T 1338—2012　家具制图》，其中有不少内容采用了国家标准《技术制图》的规定。本章主要介绍《家具制图》标准的有关内容，以及制图的一些基本方法。

第一节　制图标准简介

对于任何图样的管理与画法等都有相应的规定，只有严格执行这些规定，图样才不至于因查找困难，特别是被错误理解而造成经济上、时间上的重大损失。这一节介绍一些制图最基本的内容，这些内容在各行各业制图中一般都采用了国家标准《技术制图》的统一规定，因此如果轻工行业标准《家具制图》中的内容在国家标准《技术制图》中有，则应执行国家标准。

一、图纸幅面和格式

（一）基本幅面

绘制技术图样时，国家标准规定应优先采用表 1－1 所规定的基本幅面。各幅面之间的尺寸关系可见图 1－1。

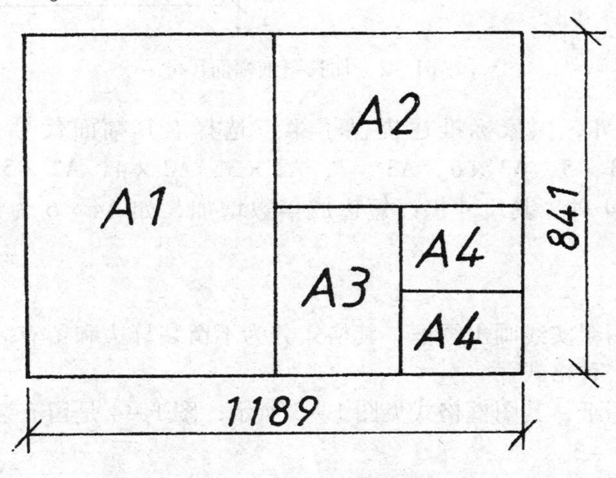

图 1－1　各基本幅面图纸的尺寸关系

表 1 – 1　　基本幅面　　单位：mm

幅面代号	A0	A1	A2	A3	A4
尺寸 $B \times L$	841 ×1189	594 ×841	420 ×594	297 ×420	210 ×297

必要时可选用加长幅面。这些幅面的尺寸由基本幅面的短边成整数倍增加后得出。如果选用基本幅面为第一选择，那么表 1 – 2 列出的几种加长幅面即为第二选择，如 A3 ×3、A4 ×3 等，它们与基本幅面的尺寸关系见图 1 – 2。

表 1 – 2　　加长幅面　　单位：mm

幅面代号	A3 ×3	A3 ×4	A4 ×3	A4 ×4	A4 ×5
尺寸 $B \times L$	420 ×891	420 ×1189	297 ×630	297 ×841	297 ×1051

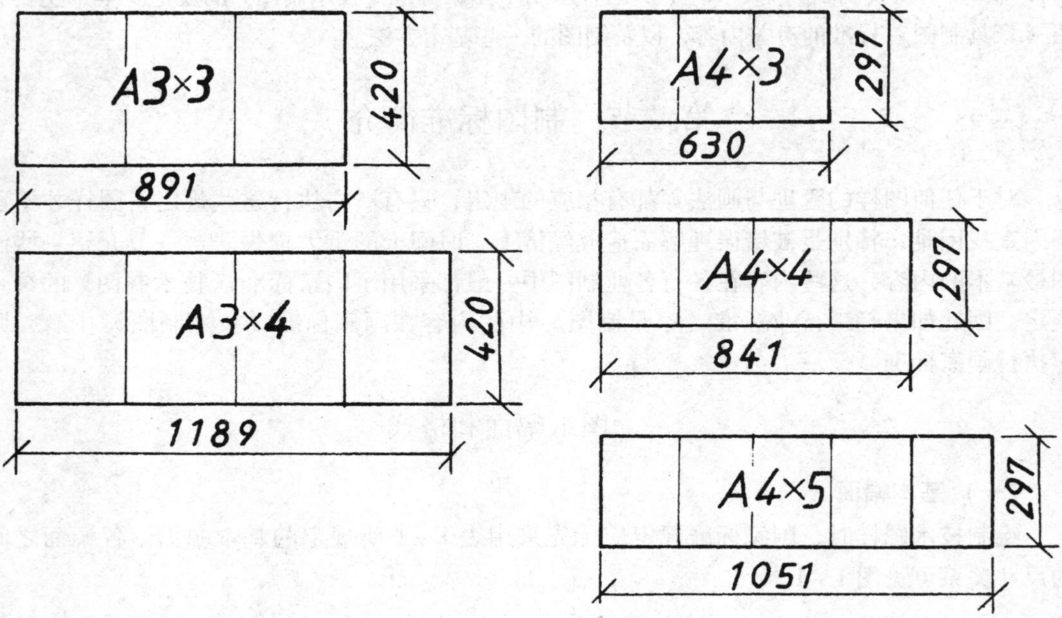

图 1 – 2　加长图纸幅面尺寸

除了第二选择外，国家标准还提供了第三选择。其幅面代号为 A4 ×6，A4 ×7，A4 ×8，A4 ×9，A3 ×5，A3 ×6，A3 ×7，A2 ×3，A2 ×4，A2 ×5，A1 ×3，A1 ×4，A0 ×2，A0 ×3 共 14 种，其尺寸仍以短边成倍数增加，如 A4 ×6 为 297 ×1261，A4 ×7 为 297 ×1471。

（二）图框格式

在图纸上必须用粗实线画出图框，其格式分为不留装订边和留有装订边两种，但同一产品图样只能采用一种格式。

不留装订边的图纸，其图框格式见图 1 – 3 所示，图 1 – 4 是留有装订边的图纸图框格式。图内尺寸见表 1 – 3。

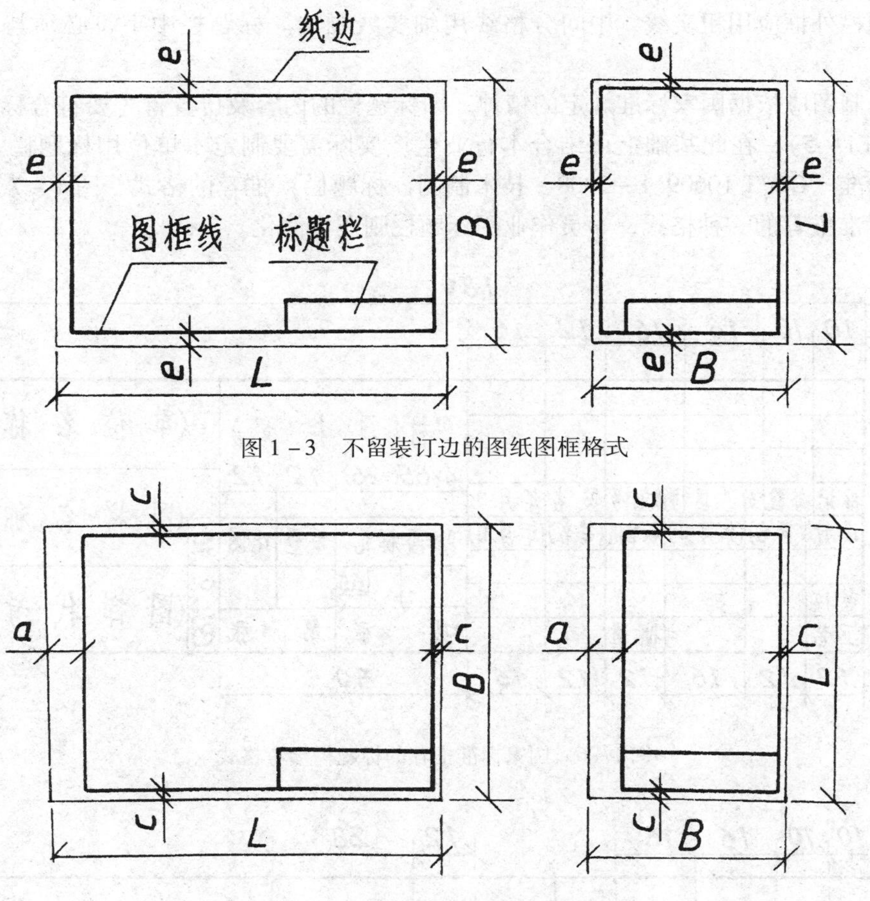

图 1－3　不留装订边的图纸图框格式

图 1－4　留装订边的图纸图框格式

表 1－3　　**图框格式尺寸**　　单位：mm

幅面代号	A0	A1	A2	A3	A4
e	20		10		
c	10			5	
a	25				

（三）标题栏

每张图纸上都必须画出标题栏。标题栏格式依据国家标准如图 1－5 所示，其位置应在图纸的右下角，如图 1－3、图 1－4 所示。

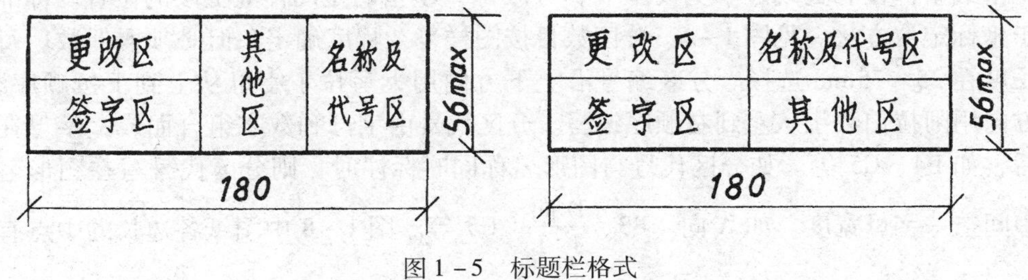

图 1－5　标题栏格式

标题栏外框应用粗实线，中间分格线用细实线画出。标题栏中字符必须与看图方向一致。

家具制图应依据国家标准规定的精神，即标题栏的内容及位置首先要符合标准中分区规定（图1－5），在此基础上可结合本行业生产实际需要制定本单位用标题栏。图1－6是国家标准《GB/T 10609.1—2008　技术制图　标题栏》推荐的格式，图1－7是《家具制图》标准推荐的一种格式，学员作业用标题栏则还可简化。

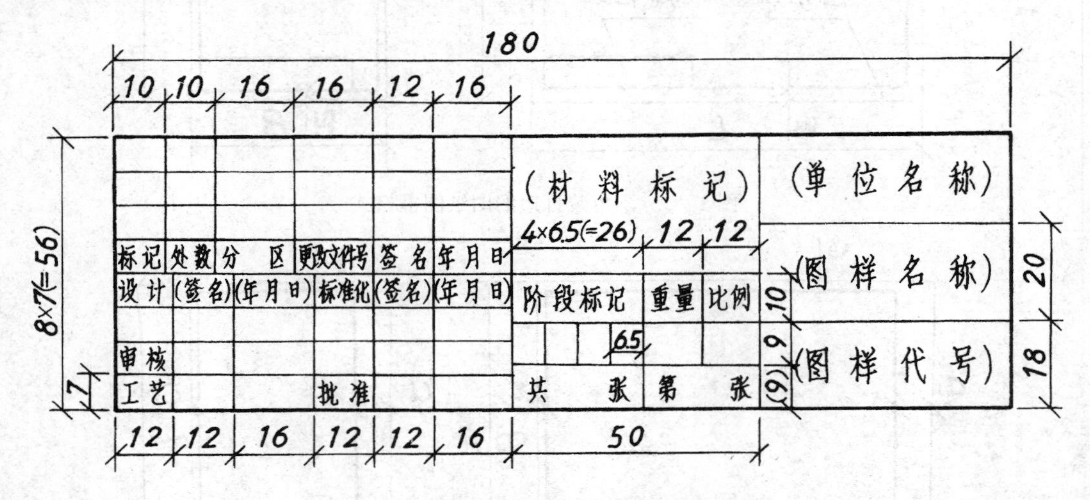

图1－6　国家标准推荐的标题栏参考格式

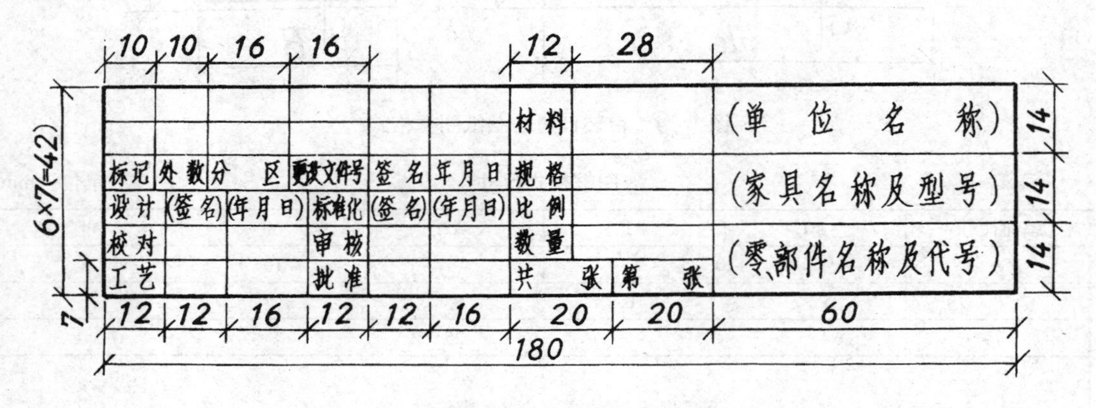

图1－7　家具制图标准推荐标题栏格式之一

当图样上某一部分需要更改时，要在标题栏中注明。国家标准和家具制图标准推荐的标题栏格式中都设有更改区。更改区中“分区”一项指的是图样上更改的位置。标准是用相当于坐标定位方法。见图1－8。分区数目按图样复杂程度确定，但必须取偶数。每个分区的长度在25～75mm选择。分区编号沿上下方向用大写拉丁字母从上到下按顺序编写，水平方向用阿拉伯数字从左到右顺序编写。分区代号由字母和数字组合而成，字母在前数字在后，如B4、C5等。如分区代号与图形名称同时标注时，则分区代号写在图形名称后边，中间空一字母宽度。如A向　B3、$\frac{\text{D向}}{1:1}$　C5等。图1－8中图纸各边长的中点有一短粗实线为图样“对中符号”，为便于图样复制和缩微摄影定位用。

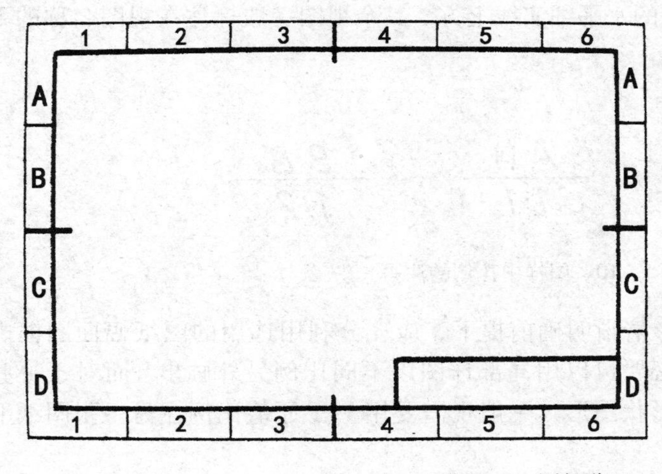

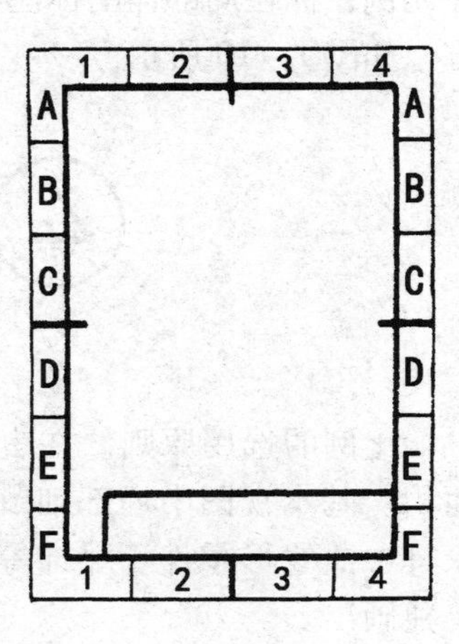

图1－8　图幅分区

二、比　　例

比例即图中图形与其所表达的实物相应要素的线性尺寸之比。国家标准《比例》对技术图样的绘图比例和标注方法作了规定，用“:”表示比例符号。

比值为1的比例即1:1，称为原值比例。

比值大于1的比例如2:1等，称放大比例。

比值小于1的比例如1:2等，称缩小比例。

图1－9中间一图即为原值比例1:1画的图形，左右各为2:1和1:2图形，注意无论图形大小，标注尺寸总是按实际大小标出的。

标准规定比例系列如表1－4。

表1－4　标准规定比例系列

种类	比例
原值比例	1:1
放大比例	5:1　2:1
缩小比例	1:2　1:5　1:10

必要时放大比例还可选用4:1、2.5:1等，缩小比例可选用1:3、1:4、1:6等。如要用更大的比值，可乘以10^n。如放大有$5\times10^n:1$，$2\times10^n:1$，$1\times10^n:1$，缩小有$1:2\times10^n$等。家具图中一般少用。

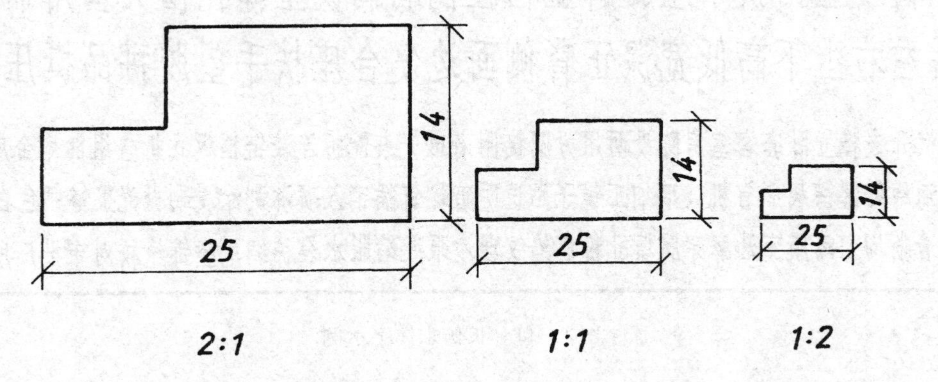

图1－9　比例与尺寸的关系

每张图样上基本视图的比例必须在标题栏“比例”一项中注明。局部详图则要单独标注比例，标在局部详图标注圈右边的水平细实线上方。其余视图一般标注在视图名称的下方，如图 1－10 所示。

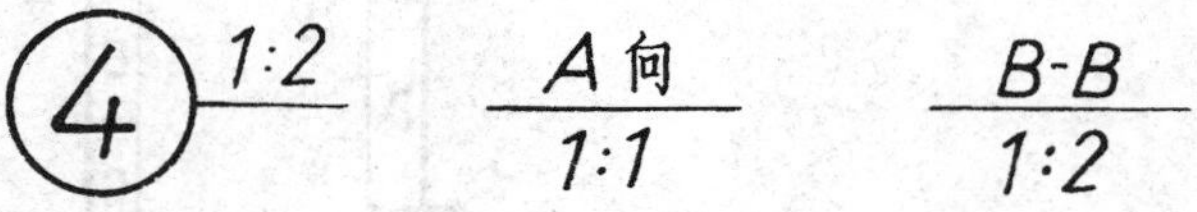

4 1:2　　A向 1:1　　B-B 1:2

图 1－10　图样中比例的注写

比例的选用原则。在表达图形清晰明确前提下，应充分利用选用的图纸幅面图框内面积。基本视图中局部细节如有必要可以用局部详图以不同比例另外画出。而对于一些家具中曲线形零件、雕饰等特殊形状图形，一般视需要用 1∶1 原值比例在另一张图纸上单独画出。

三、字　　体

家具制图标准中关于字体的规定是等效采用国家标准《GB/T 14691—1993　技术制图　字体》。标准要求书写字体必须做到：字体工整，笔画清楚，间隔均匀，排列整齐。

字体高度的尺寸系列为 1. 8mm、2. 5mm、3. 5mm、5mm、7mm、10mm、14mm、20mm。字体高度代表字体的号数，用 h 表示。

（一）汉字

汉字应写成长仿宋体字，并要采用国家公布推行的简化字。汉字高度不应小于 3. 5mm，其字宽一般为 $h/\sqrt{2}$。

长仿宋体字写法要领为：横平竖直，填满字格，注意笔锋，结构匀称。图 1－11 是长仿宋体字示例。

家具桌椅橱柜沙发床凳衣书写字餐台梳妆箱包屏风花架单双层物
茶几软硬壁饰扶手座腿脚盘档挂棍隔搁板望撑托帽头塞角抽屉门
前后左右上下高低宽深正背侧面边复合座扶手望胶拼品挺压拉移

隔竖横开嵌榫立卧套客室房陈设两用方圆接附着砂光装配拆连铰链框板式折叠组曲木金属竹藤
泡沫海绵酚醛醇树脂有机玻璃细工镜子贴透明暗螺钉插销入喷淋刮涂浸刷抛光整修颜色白黄红
棕黑清晰均匀漆膜变油磨穿腻填孔粉痕绉纹理渗眼缝缩胀水裂棉绸尼隆锦纶校对审批厂所代型

图 1－11　长仿宋体字示例

（二）拉丁字母和数字

国家标准规定可将拉丁字母和数字写成斜体和直体。斜体字字头向右倾斜，与水平基准线成75°。

字母和数字按笔画宽度为字高的1/14和1/10，分为A型和B型两种。图1－12为B型斜体拉丁字母示例，图1－13为B型斜体和直体两种数字示例，图中小格子是笔画的粗细。同一图样上，只允许选用一种型式的字体。

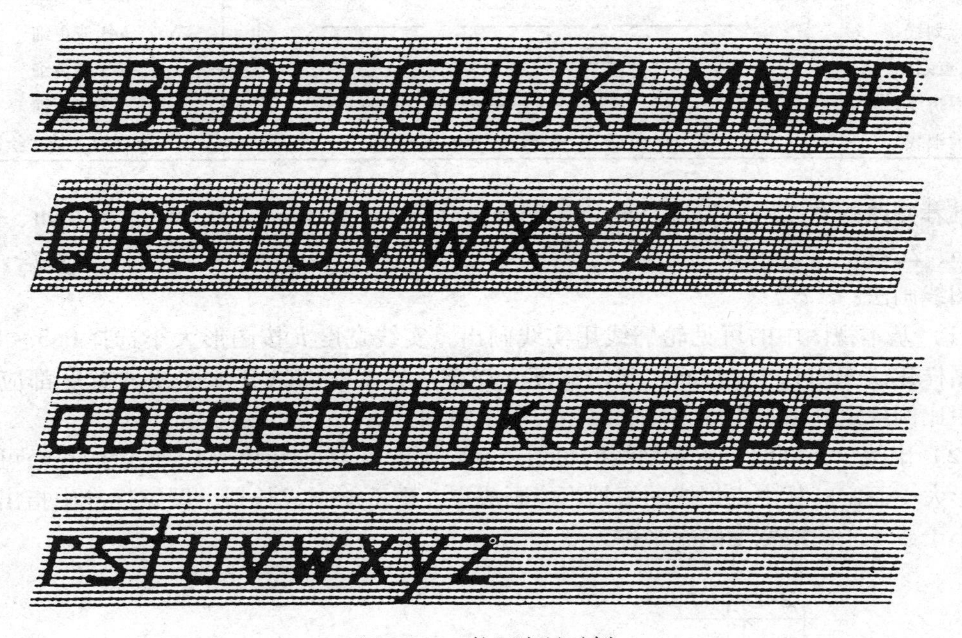

图1－12　拉丁字母示例

图1－13　数字示例

四、图　线

家具制图标准规定图线的种类和粗细如表1－5所示。

表 1－5　　家具制图标准规定图线的种类和粗细

图线名称	图线型式	图线宽度
实线		b（0.3～1mm）
粗实线		1.5b～2b
虚线		b/3 或更细
粗虚线		1.5b～2b
细实线		b/3 或更细
点划线		b/3 或更细
双点划线		b/3 或更细
双折线		b/3 或更细
波浪线		b/3 或更细（徒手绘制）

推荐图线的宽度系列为0.18mm、0.25mm、0.3mm、0.35mm、0.5mm、0.7mm、1mm、1.4mm、2mm。

图线画法：

（1）基本视图中的可见轮廓线用实线画出，实线宽度 b 按图形大小选择0.3～1mm。家具图样建议 b 用0.7～1mm。实线宽度 b 设定后，本张图纸其他图线的宽度都应按表1－5中比例规定画出。粗细不同的线型应力求粗细分明。

（2）虚线、点划线、双点划线的短划、空隙画法可参见图1－14。线段的长短可随所画图形大小而定。其中点划线的短划不能画成点，更不能画成长划。国家标准中指出图线长度小于或等于图线宽度的一半称为点。

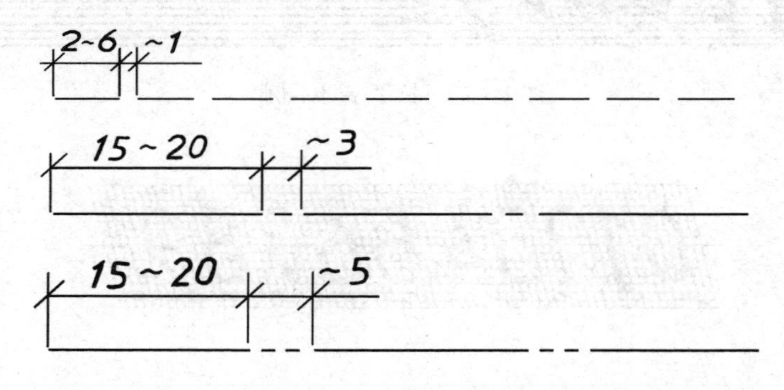

图1－14　虚线、点划线、双点划线画法

（3）当图线相交时，要注意相交于画线处，即交点或转折处位置明确。如图1－15所示。

（4）点划线的首尾两端应是线段不能是点。同样虚线两端也应是线段而不是空隙。见图1－15（1）。

（5）当图纸上的两条平行线间距小于0.7mm时，可不按比例而略加夸大画出。

国家标准《技术制图》中，因要适应多种行业需要，图线种类较多，粗细则分粗、中粗、细三种，其宽度比例为4:2:1。《机械制图》国家标准图线分粗细两种，其宽度比例为2:1，粗线宽为0.5～2 mm。国家标准中点划线、双点划线中的“划”都改称为“画”。

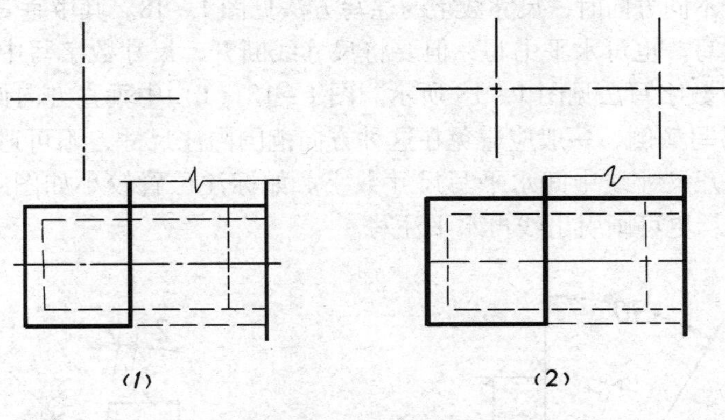

图 1－15　图线相交画法

（1）正确　（2）错误

五、尺 寸 注 法

家具制图标准中规定图样上尺寸标注一律以毫米为单位，图纸上不必注出“毫米”或“mm”名称。

一个完整的尺寸一般由尺寸线、尺寸界线、尺寸起止符号及尺寸数字等尺寸要素组成，见图 1－16。

尺寸线一般平行于所注写对象的度量方向。尺寸界线与之垂直，都用细实线画出。尺寸起止符号用一长 2～3mm 的细实线，与尺寸界线顺时针方向转 45°左右（图 1－16）。家具制图标准中起止符号也允许用小圆点表示。尺寸界线一般从轮廓线引出，必要时也可以轮廓线作为尺寸界线使用，如图 1－17 中尺寸“16”下图。尺寸数字一般应注写在尺寸线中部上方（图 1－17），也可将尺寸线断开，中间注写尺寸数字。尺寸数字应按标准规定的字形书写。

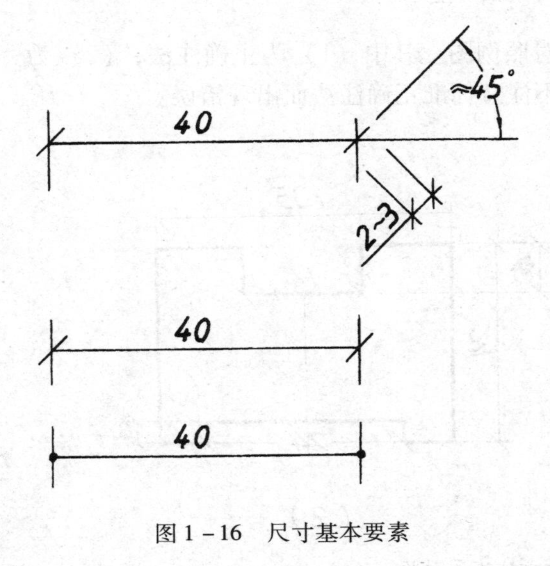

图 1－16　尺寸基本要素

图 1－17　尺寸数字一般注写在尺寸线中部上方

当尺寸线处于不同方向时，尺寸数字的注写方法见图 1－18。其中垂直方向上尺寸数字一般应自下向上注写。也可水平书写，但要将尺寸线断开，尺寸数字写中间，见图 1－17。各种倾斜方向尺寸数字写法见图 1－18 所示。图 1－18（1）中垂直方向偏左 30°左右范围内，因尺寸数字易写颠倒，一般应避免在这种方向范围内注尺寸，不可避免时则采用如图 1－18 中注法，断开尺寸线中间水平写尺寸数字。如标注位置较小如图 1－18（2）和图 1－19 可就近注写，更可画引出线再水平注写。

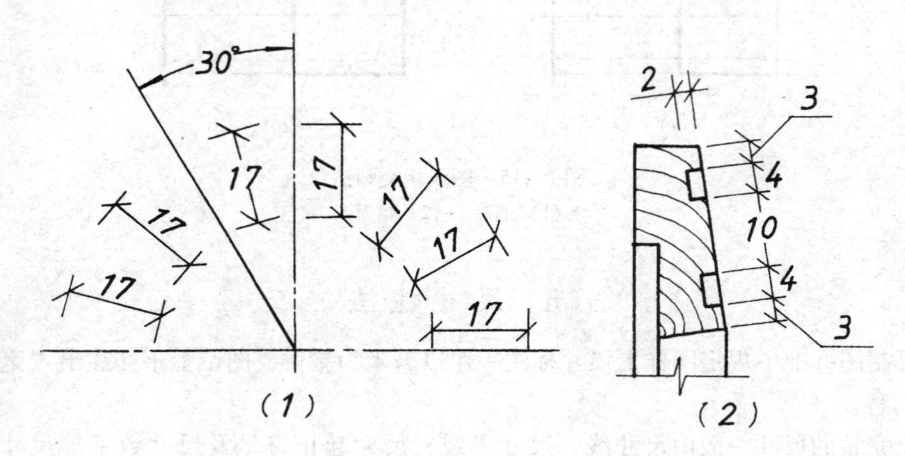

图 1－18　尺寸线不同方向时尺寸数字注写法

一般水平或垂直方向上因注写位置较小时可按图 1－19 形式注写。

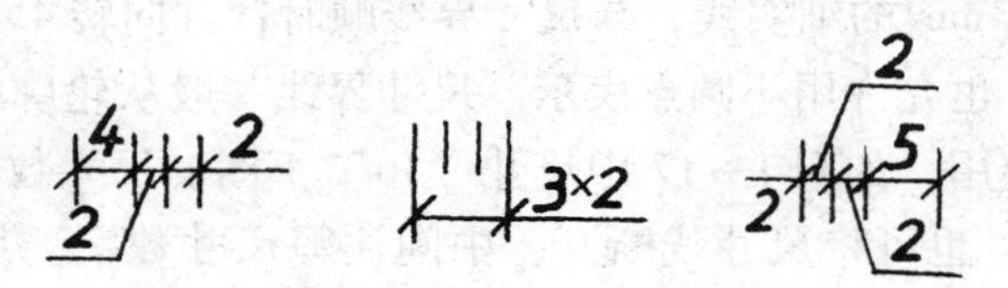

图 1－19　注写位置很小时尺寸注写方法

图 1－20 为某一图形的直线尺寸注法正误对照例图。其中（1）为正确注法，（2）为各种常见的错误注法。制图时要避免因习惯或不注意标准正确注法而出现错误。

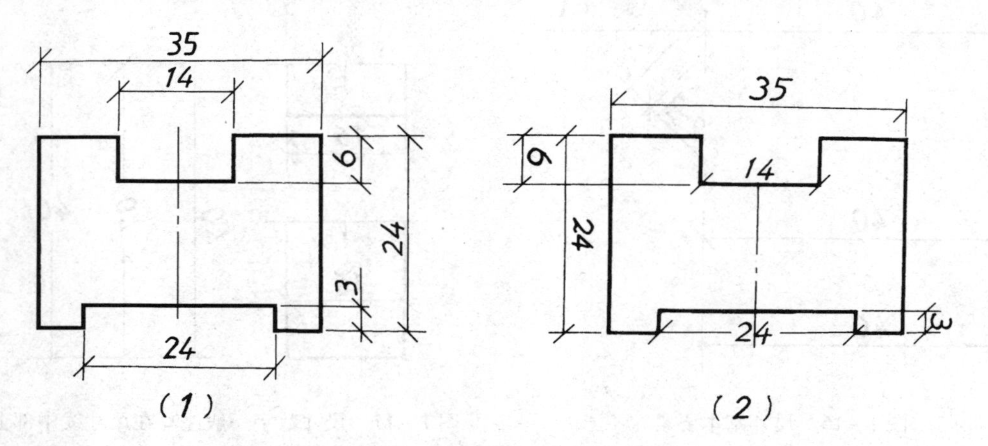

图 1－20　直线尺寸注法正误对照

角度尺寸的注法，一般用以角顶为圆心的圆弧尺寸线，两端起止符号用箭头表示，箭头的尾宽应大致与实线宽度相同。尺寸数字则一律水平书写，写在尺寸线中断处。如图1－21所示。

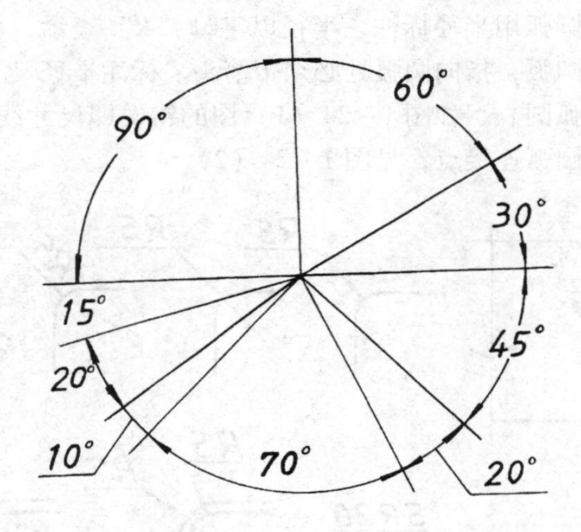

图1－21　角度尺寸注写方法

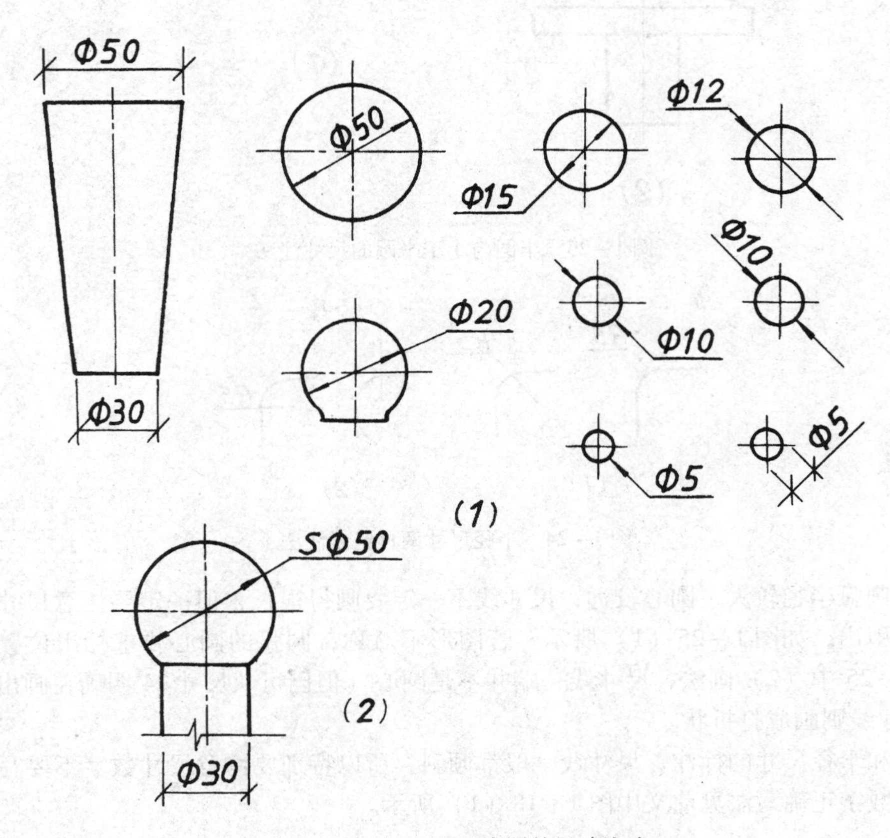

图1－22　圆与大于半圆的尺寸注法

圆和大于半圆的圆弧均标注直径。直径以希腊字母“ϕ”作为符号。尺寸线指向圆弧线，尺寸起止符号用箭头表示，见图1－22。当标注直径时尺寸线指向尺寸界线或轮廓直线时，仍用短斜线表示尺寸起止符号。如图1－22中ϕ30，ϕ50等。

半圆或小于半圆的圆弧用半径标注。半径以字母“R”表示，如图1－23所示。半径尺寸的尺寸线必须指向圆弧，指向圆弧处必须带箭头。标注半径尺寸时要注意尺寸线可长可短，但方向必须过圆弧圆心。如图1－24（1）图的错误即尺寸线方向未过圆心；另外，尺寸线也不能正好通过圆弧连接点，见图1－24（2）。

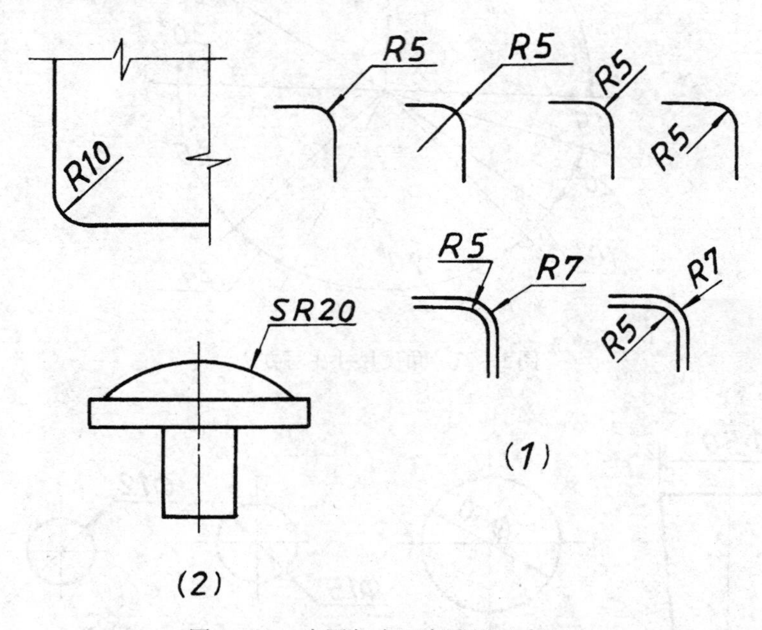

图1－23　半圆与小于半圆的尺寸注法

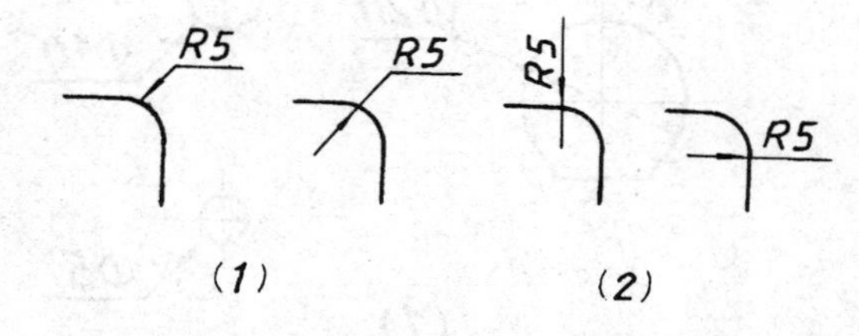

图1－24　半径尺寸两种错误注法

如果圆弧半径较大、圆心较远，尺寸线不一定要画得很长，但一定要注意尺寸线方向要自圆心引出，如图1－25（1）所示。若图形不对称，圆弧的圆心要求标出位置，这时可如图1－25中（2）画法，尺寸线一端并不是圆心（但已可从尺寸24明确在画出的直线上），尺寸线则画成打折状。

直径和半径尺寸的标注，尺寸线一般都倾斜，所以特别要注意尺寸数字不要写倒。各个方向的数字正确写法见前文中图1－18（1）所示。

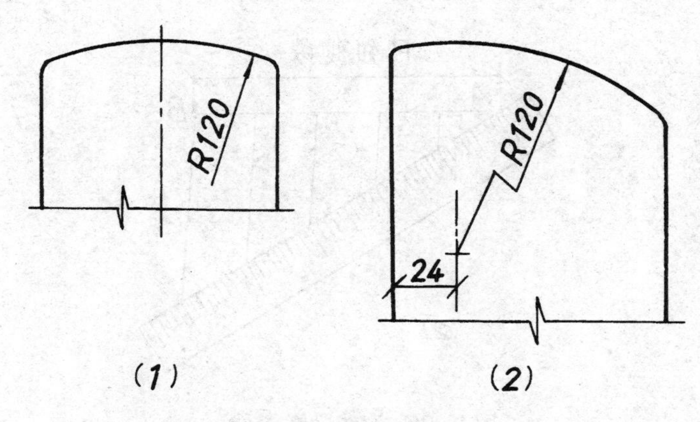

图1－25　大半径尺寸的注法

第二节　基本作图方法

家具以及组成家具的各个部分在图上总是由各种几何图形构成的，本节介绍一些制图时常用的作图方法及部分几何图形的作图。

一、等　　分

（一）直线段等分

图1－26中画出几种直线段等分方法。已知线段长 *AB*，其中（1）左边是用圆规画相同半径的圆弧，两圆弧相交交点连线垂直二等分线段 *AB*。右边为分 *AB* 为五等分。先过 *A* 点任作一倾斜直线，用分规取五个等分段，然后终止端与 *B* 点相连，按次作一系列平行线与 *AB* 线相交，各交点即为所求等分点。图1－26（2）是改分规为尺上刻度，画法完全一样。

待到作图有相当经验时，可直接在已知线段 *AB* 上，用分规试分，凭感觉大致确定等分段大小，在试分中调整一两次即可完成。

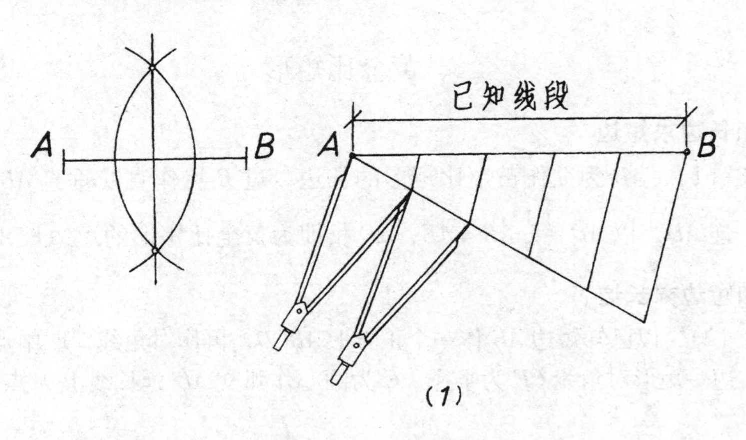

图1－26　直线段等分

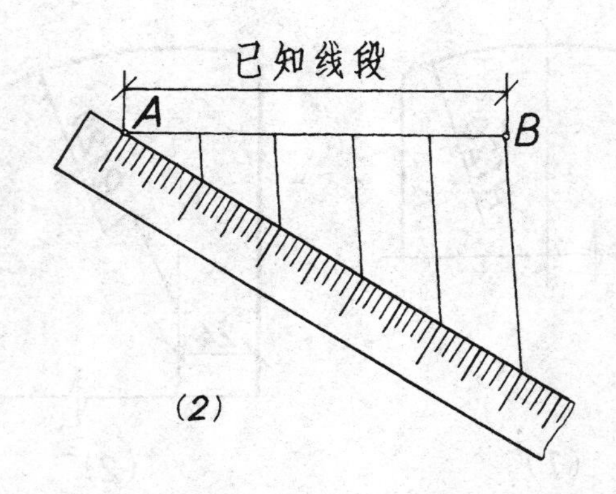

图 1－26　直线段等分（续）
（1）用分规圆规等分　（2）利用尺上刻度等分

（二）角度等分

为要等分∠*AOB*（见图 1－27），可以角顶 *O* 为圆心、适当半径作圆弧交两已知直线于 *A* 点与 *B* 点，再分别以 *A* 和 *B* 为圆心用同样大小半径作圆弧相交于 *C* 点，连 *CO* 即可。

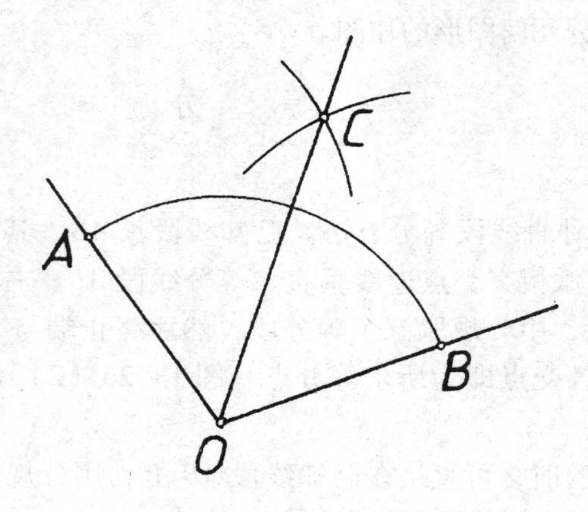

图 1－27　角度等分

二、黄金比矩形

（一）已知长边求短边

见图 1－28（1），*AB* 为欲作黄金比矩形的长边，过 *B* 点作直线垂直 *AB*，在此垂线上取 $BD=\frac{1}{2}AB$，连 *AD*，以 $AD-\frac{1}{2}AB=AE$，*AE* 长即为黄金比矩形的短边长 *AF*。

（二）已知短边求长边

见图 1－28（2），以已知短边 *AB* 作一个正方形 *ABCD*，再作对角线，取中点等分正方形为两个矩形，以右边一矩形对角线 *CE* 为半径，*E* 为圆心作弧交 *AD* 延长线上 *F* 点，*AF* 即为所求长边。

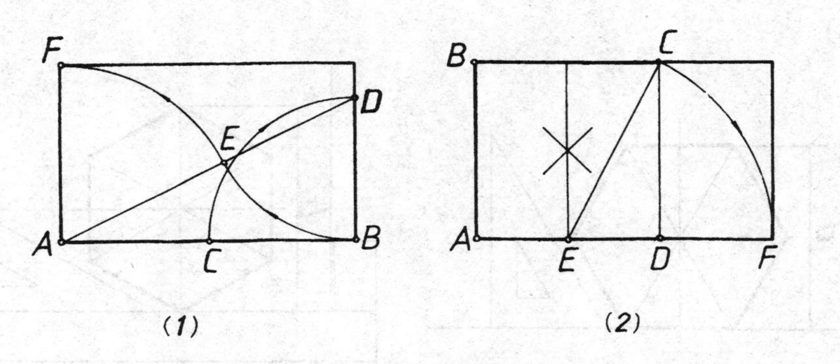

图 1－28　黄金比矩形

（1）已知长边求短边　（2）已知短边求长边

三、正多边形

（一）等边三角形和正方形

等边三角形和正方形利用丁字尺和三角板可简捷地画出，见图 1－29 所示，图中 *a*、*b* 为已知边长。

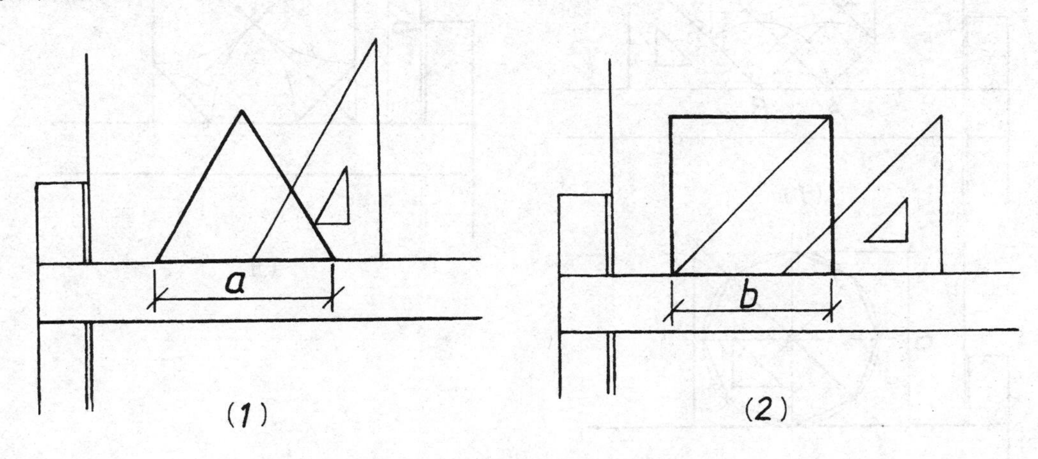

图 1－29　等边三角形和正方形画法

（二）正六边形

已知对边长 *a* 或对角长 *b* 画正六边形可见图 1－30（1）和（2）所示。即利用丁字尺和 30°、60°三角板可直接画出，这样作图比用圆规画既准确又快捷。

（三）正八边形

图 1－31（1）、（2）是已知正八边形一边长 *AB* 和对角长 *a* 画八边形的方法，（3）是要求在已知正方形内画八边形，即相当于已知对边长 *b* 作正八边形，这个作法更为常用。

（四）任意正多边形

这里任意正多边形是指作边数除三、四及其倍数外的正多边形，如五边形、七边形等。一般都用近似画法较方便易记。各种画法对不同边数的正多边形误差不一样。这里以作正五边形为例，介绍一种作图方法较易记住，见图 1－32。

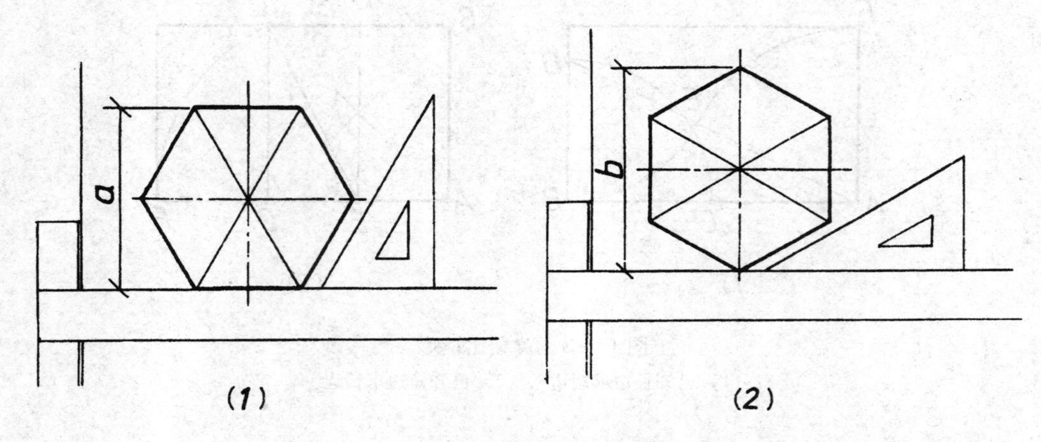

图 1－30　正六边形画法

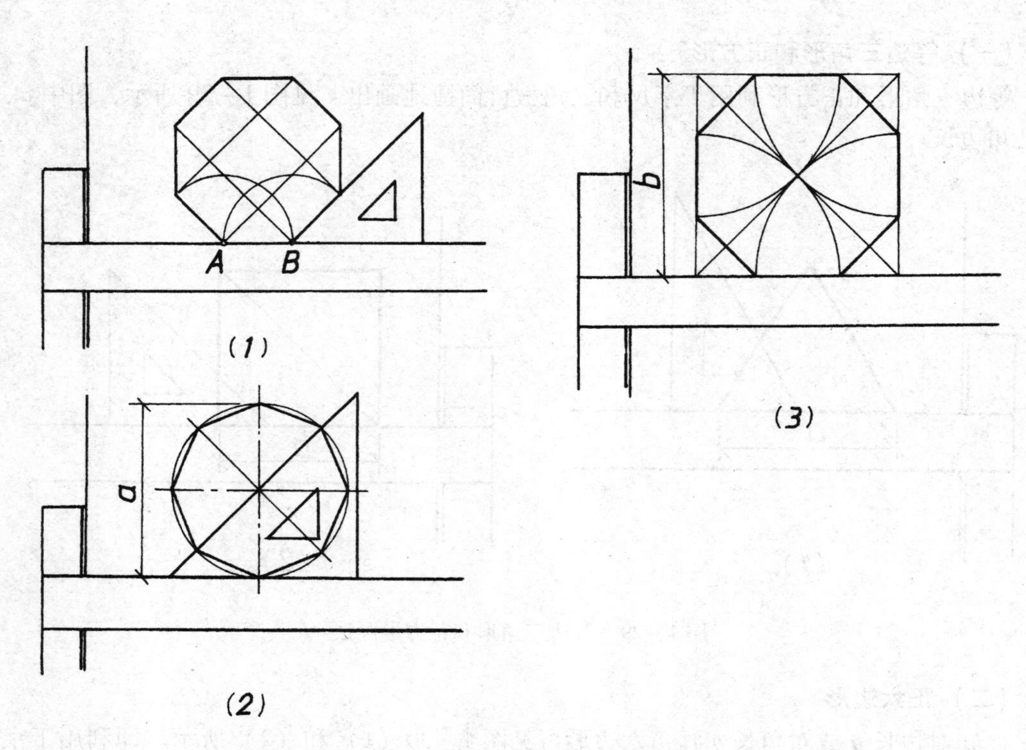

图 1－31　正八边形画法

要求分已知外接圆为五等分，图中画一过圆心的直线 *O*5，以 5 点为圆心、*O*5 长（即直径）为半径作圆弧与过圆心的水平线交于 *T* 点。分 *O*5 直线为要求等分段，如图中为五等分，等分点如 1、2、3 等，连 *T*2、*T*4 并延长交圆弧上的两点即为圆周上两个等分点。其余各点可依此边长作出*。

* 这种作法画正五边形误差很小（仅为 －2′47″），作边数小于 13 时的正多边形误差都不大。对家具制图应用已足够精确。

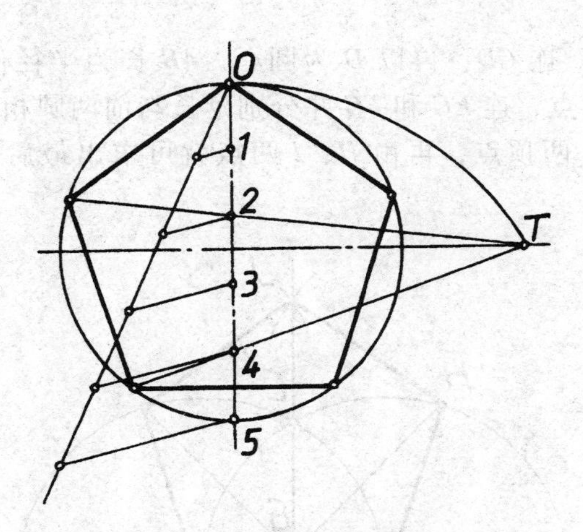

图 1－32　正多边形画法

（五）已知边长作正多边形

1. 任意正多边形

图 1－33 为已知边长 AB 作任意正多边形画法，图上是画正七边形。延长 AB 线两端，以 A 为圆心、适当长为半径作半圆弧，用图 1－32 方法等分半圆弧为七等分得 1、2、3 等各点，连 $A2$，作 $\angle 2AB$ 角等分线与 AB 的垂直二等分线相交于 O 点，O 点即为该多边形的外接圆圆心，由此可画出外接圆，这样即可画好正七边形。

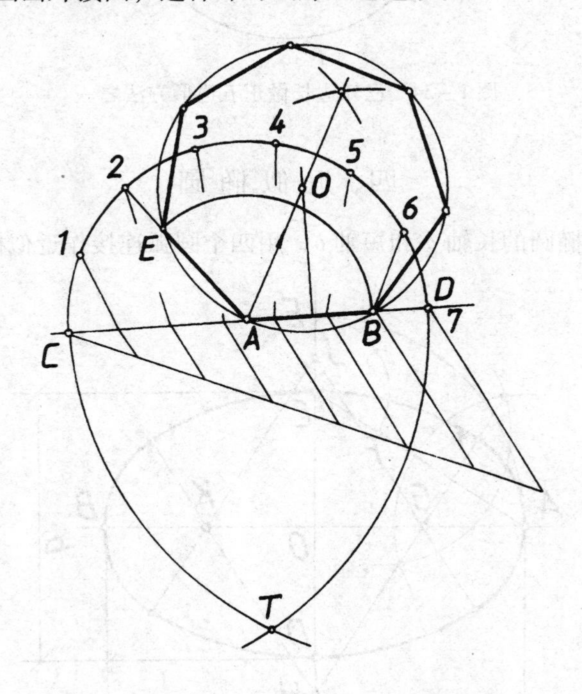

图 1－33　已知边长作正多边形

2. 正五边形

见图 1－34，已知 AB 为正五边形边长，现以 AB 为半径、A 和 B 分别为圆心画两圆，相交于 C、D 两点。连 CD，再以 D 为圆心，AB 长为半径作圆，交 CD 连线于 G，交前两圆圆周于 E 和 F 点，连 EG 和 FG 并分别延长与前两圆相交于 H 和 I 两点，这两点即为正五边形的另外两顶点，再由 H、I 两点就可求出最后一点 J，连接各点即完成作图。

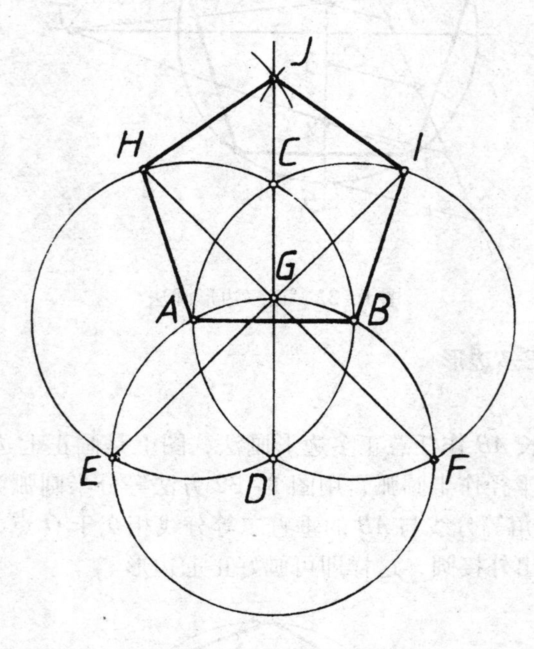

图 1－34　已知边长做正五边形方法之一

四、近似椭圆

图 1－35 是已知椭圆的长轴 a 和短轴 b，用四个圆弧连接作近似椭圆的画法。

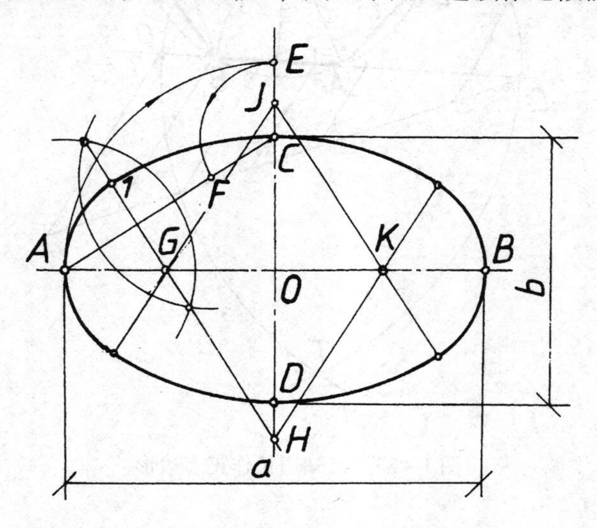

图 1－35　四心近似椭圆画法

具体作法是先画好相互垂直的两轴 AB 和 CD，连 AC，在 AC 上取 F 点，使 $CF=CE=OA-OC$。作 AF 的垂直二等分线交长轴于 G 点短轴于其延长线上 H 点，再在长短轴各对称位置上找到 K 和 J 点，这就是四个圆心位置。分别以这几点为圆心，以 GA、KB 和 HC、JD 为半径画圆弧，组成四心近似椭圆。大小圆心连线并延长交于圆弧上的即为大小圆弧的连接点。

五、圆 弧 连 接

（一）用已知半径圆弧连接两直线

当已知两直线方向成直角时，可如图 1－36 中（1）所示作图，即延长两直线，以其交点为圆心，已知半径 R 为半径作圆弧，再以此圆弧与已知直线的交点分别为圆心，各以 R 为半径作弧，两弧相交交点即为所求圆心位置。第一个圆弧与两直线的交点即为连接点或切点。

如果两直线成锐角或钝角位置，作图可见图 1－36 中（2）和（3）所示，即以半径 R 长为与已知直线的距离分别作平行线，两平行线相交交点即为所求圆心。由圆心分别向两直线作垂线，垂足即为连接点，见图 1－36（2）、(3)。

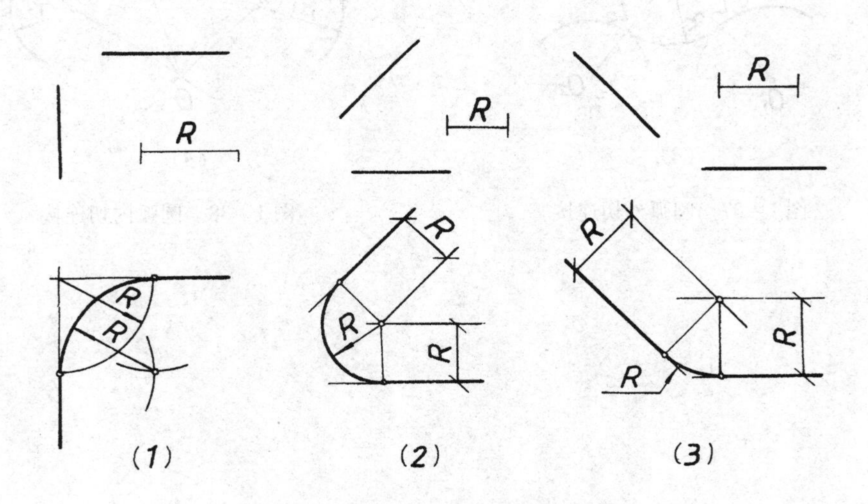

图 1－36　用圆弧连接两直线

（二）用已知半径圆弧连接两圆弧

1. 外切连接

已知连接圆弧半径为 R，欲以外切形式与两已知半径为 R_1 和 R_2 的圆弧连接，图 1－37（1）为已知条件，要求作出连接弧，即要求出圆心和连接点。方法是以 O_1 为圆心、R_1+R为半径作一段圆弧，再以 O_2 为圆心、R_2+R 为半径作一段圆弧，两圆弧相交于 O 点，即为所求圆心，见图 1－37（2）。连 O 和 O_1、O 和 O_2，交已知圆弧于 L_1、L_2 点，即为连接点，如图 1－37（2）。接着就可作连接弧，如图 1－37（3）。

2. 内切连接

见图 1－38（1）～（3），作法与外切连接基本相同，只是求圆心的两相交圆弧半径

分别是 $R-R_1$ 和 $R-R_2$，其余作法相同。

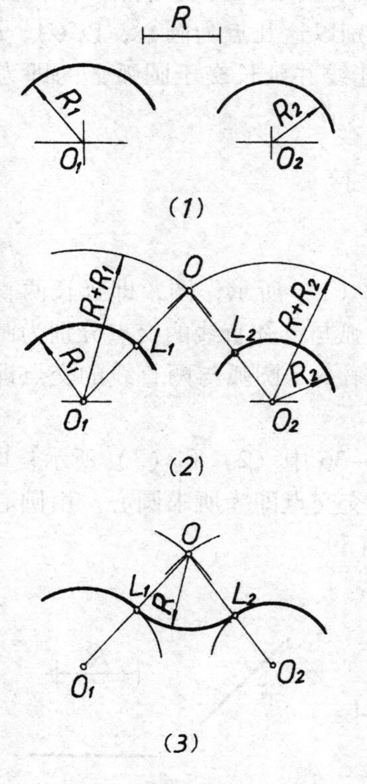

图 1－37　圆弧外切连接

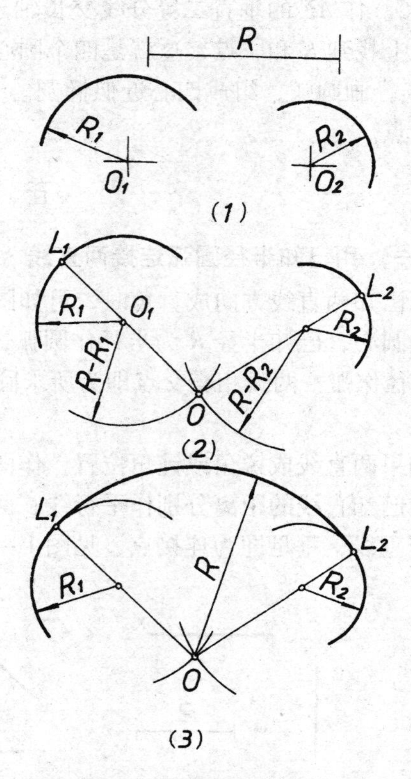

图 1－38　圆弧内切连接

第二章　正投影基础

图样是传递信息的重要工具之一。无论设计产品、组织生产，还是成本核算、产品检验等都离不开图样这个依据。作为家具行业的技术人员必然要接触产品图纸，正确领会图样上表达的内容要求，为此我们一定要学习有关图样的原理和知识。学习和提高识读图样的能力和有一定的制图技能是新时代具有高素质的技术人员的必备条件。对于未来要从事家具设计的人员来说更是必不可少的理论知识基础。

本章讲述一般工程图样，包括家具制造图样图形表达原理的基础。

第一节　投影方法

一、中心投影与平行投影

为使图样上画的图形正确真实全面反映要表达的实物形状、大小结构，一般都用投影方法来制图。日常生活中可见到实物在光照条件下，在墙上会出现影子的现象，如图2－1（1）。将这种现象抽象成图2－1（2）那样，即将空间实物换成三角形 *ABC*，光源为投影中心 *S*，墙为投影面 *P*，连 *SA* 作直线并延长至与 *P* 面相交即得交点 *a*，*a* 就是 *A* 的投影。*SAa* 为投影线。*B* 与 *C* 也同样作投影线求得投影 *b* 与 *c*，将 *abc* 连接成三角形，△*abc* 即为△*ABC* 的投影，这种投影方法称为中心投影。

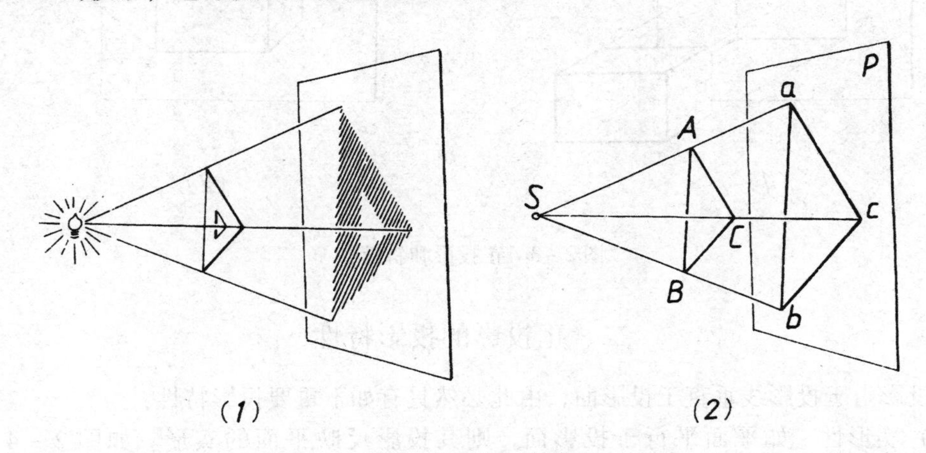

图2－1　中心投影

用透视图画家具形象的效果图，其原理就是中心投影。

投影方法除了中心投影外，工程上普遍使用的是平行投影，如图2－2所示。即令投影中心 *S* 移至无穷远，各投影线不再集交于 *S* 点，而是相互平行，这样求得投影的方法为平行投影。

平行投影根据投影线与投影面的位置关系可分成正投影和斜投影两种。投影线垂直于投影面的称为正投影，倾斜于投影面的即为斜投影。图 2 – 3 中（1）为正投影，（2）为斜投影。一般施工、制造的图样都是按正投影方法画的，而斜投影可画立体图（轴测图），本章后面也将提到其画法。

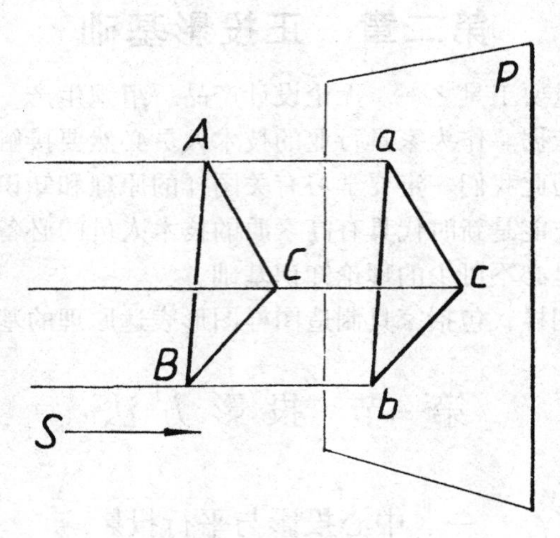

图 2 – 2　平行投影

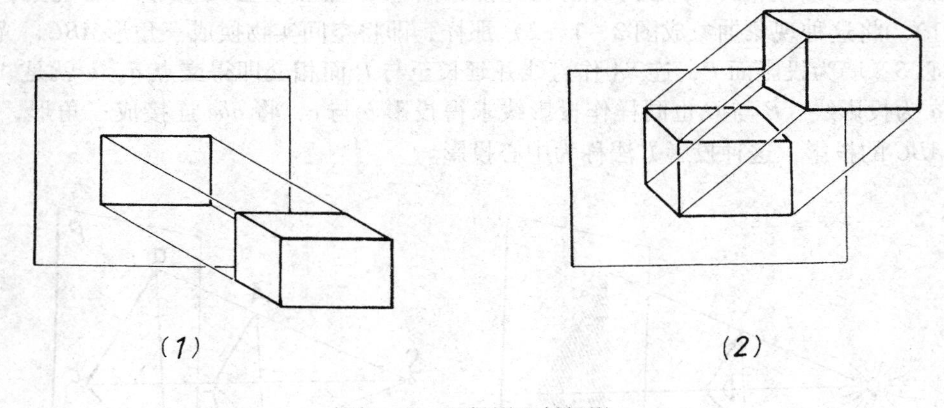

图 2 – 3　正投影和斜投影

二、正投影的投影特性

正投影由于投影线垂直于投影面，由此必然具有如下重要投影特性：

（1）实形性　如平面平行于投影面，则其投影反映平面的实形。如图 2 – 4（1），$\triangle ABC /\!/ P$，则 $\triangle abc \cong \triangle ABC$。同理，一直线若平行于投影面，则其投影反映该直线实长，如图 2 – 5（1）中，$AB /\!/ P$，则 $ab = AB$。

（2）积聚性　当平面垂直于投影面时，则其投影就积聚成一直线，这就是积聚性。对垂直于投影面的直线，则其投影积聚成一个点。见图 2 – 4（2）、图 2 – 5（2）所示。

（3）变形性　若平面倾斜于投影面时，则其投影发生变形。直线倾斜于投影面时，其投影也变短，这就是变形性。见图 2 – 4（3）、图 2 – 5（3）所示。注意的是虽发生变形性，三角形仍将是三角形，直线还是直线。

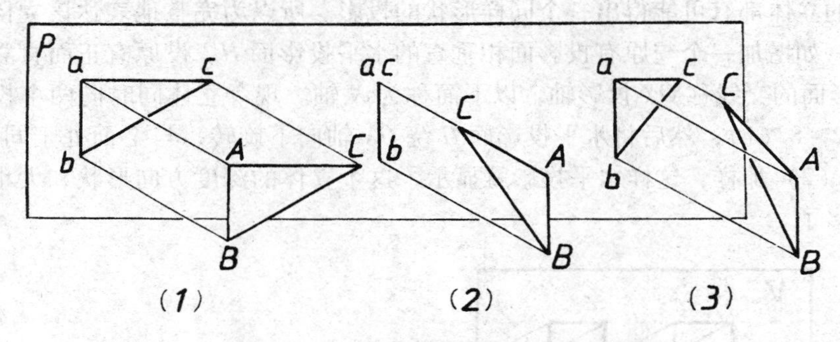

图 2－4　不同位置平面的正投影特性

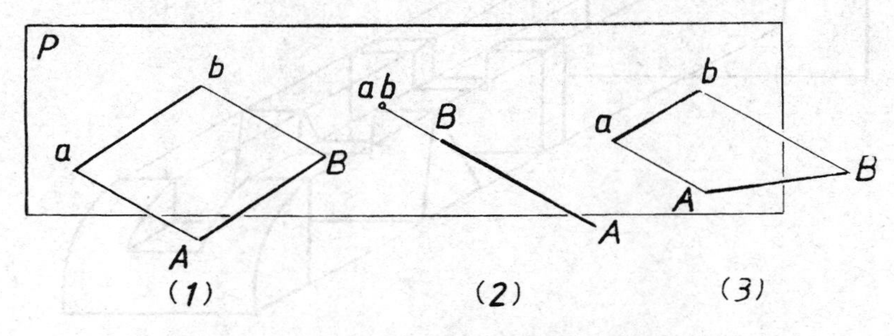

图 2－5　不同位置直线的正投影特性

第二节　立体的三视图

一、立体的正投影

用前面叙述的正投影特性来画一立体的投影，如图 2－6 所示。令立体的表面处于与投影面平行或垂直的位置，结果由于实形性和积聚性的正投影特性，就可以得出立体的一个正投影。

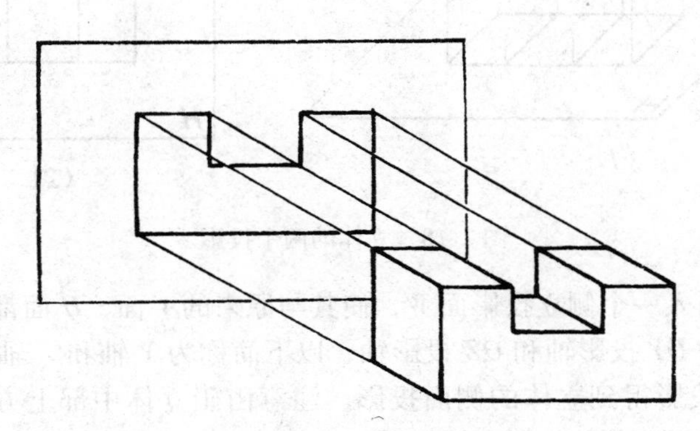

图 2－6　立体的正投影

由于上下左右周围平面有积聚性，在投影图上就积聚成直线，平面的形状大小都没有显示出来，所以这样一个投影图还不能完整地表达清楚原有的立体。如图 2－7 所示，三种不同形状的立体都有可能得出一个同样形状的投影。所以为完整地表达该立体，就要再增加投影面，如增加一个与原有投影面相垂直的水平投影面 *H*。设原有正面直立的投影面为 *V*，两投影面的交线称 *OX* 投影轴，以下简称为 *X* 轴。现令立体同时向两个投影面作正投影，如图 2－8（1），然后将水平投影面 *H* 绕 *OX* 轴向下旋转，与 *V* 面处于同一平面内，即成图 2－8（2）那样，这样水平投影就显示了这个立体的深度方向形状和大小，比原来一个图清楚多了。

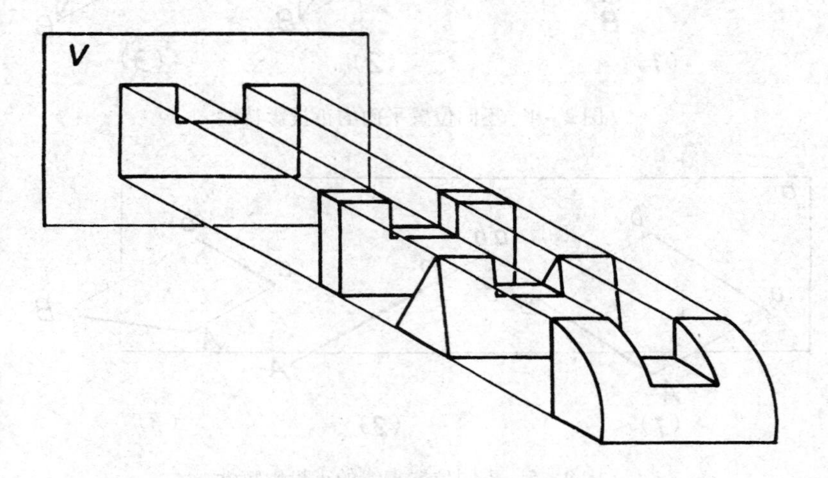

图 2－7　一个投影不能确定立体的真实形状和大小

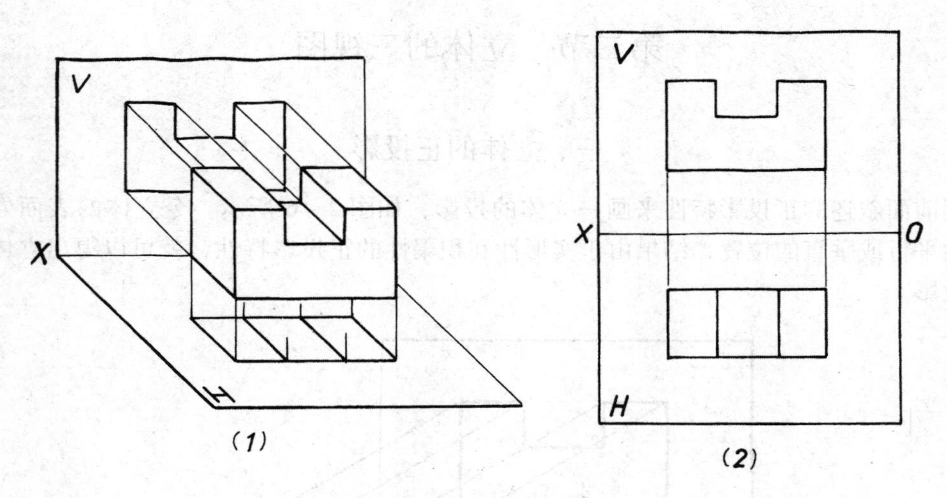

图 2－8　立体的两个投影

用同样方法再引入一个侧立投影面 *W*，使其与原来的 *V* 面、*H* 面都垂直。与 *H* 和 *V* 投影面的交线分别称为 *OY* 投影轴和 *OZ* 投影轴，以下简称为 *Y* 轴和 *Z* 轴，如图 2－9。这时立体再向 *W* 面作正投影得到立体的侧面投影。注意由于立体中部上方呈凹下槽状，致使画侧面投影时将看不见这部分结构，按制图标准规定，画成虚线。然后旋转 *H* 面、*W* 面与 *V* 面处于同一平面，即成图 2－10 所示展开图。其中 *W* 面是绕 *OZ* 轴旋转的，由此 *OY* 轴将一分为二，设跟 H 面的仍写 Y，而随 W 面的就写成 Y_1。图中立体的三个投影分别称作正面投影、水平投影和侧面投影。

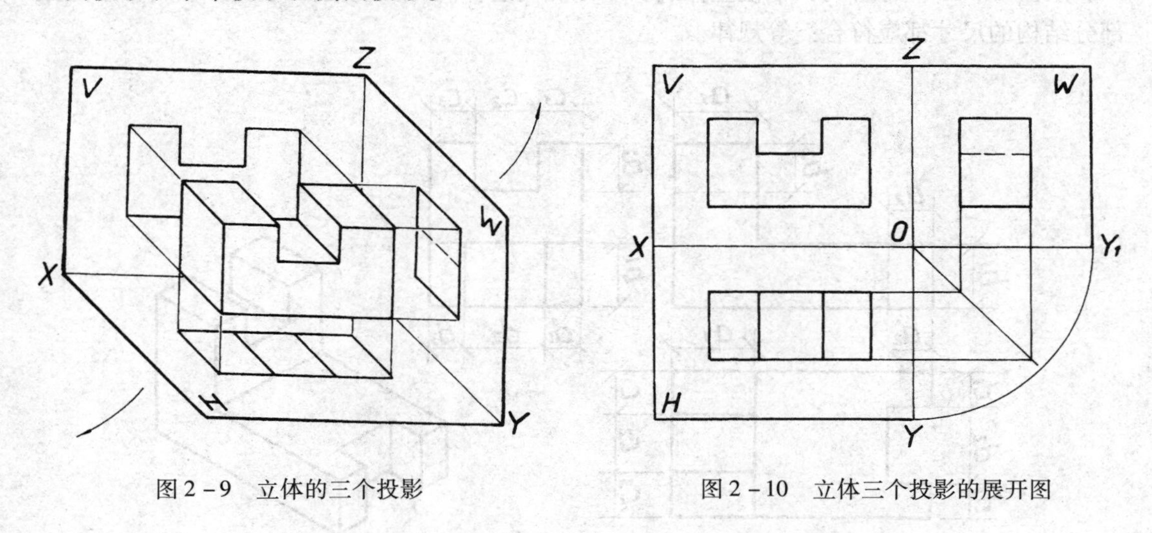

图 2－9　立体的三个投影　　　图 2－10　立体三个投影的展开图

二、立体的三视图

当投影面和投影轴都不画出时，图 2－10 三个投影就成了图 2－11 中所示，这时三个投影就称为视图。其中正面投影称主视图，水平投影称俯视图，侧面投影称左视图。工程图样中这三个视图使用最多，常通称为“三视图”。它们的位置也是规定的，不能随意布置，见图 2－11。

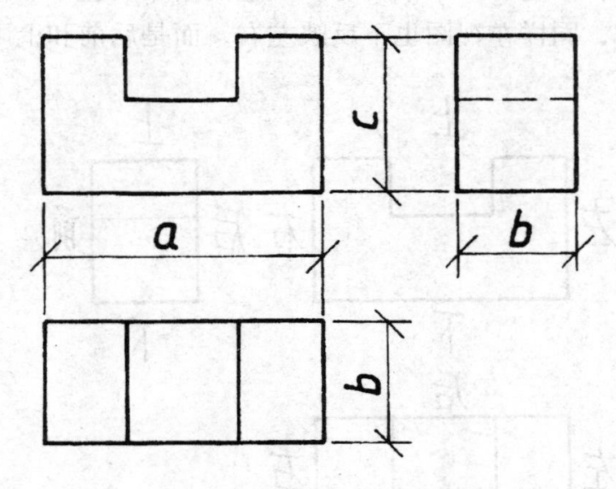

图 2－11　立体的三视图及其尺寸关系

（一）三视图间的等量关系

由于三视图是反映了同一个立体，而每个视图都仅仅显示了两个方向上的尺寸，如图 2－11 中设立体尺寸长为 a，深为 b，高为 c。主视图反映出长 a 和高 c，而俯视图同样也反映了长 a，加上深 b，左视图则反映了高 c 和深 b。由此可看出总有两个视图反映同一方向的尺寸，即主视图、俯视图一样长，主视图、左视图同样高，俯视图、左视图同深，常简化成用口诀“长对正、高平齐、深相等”称之，简称“三等规律”。显然，遵守三等规律对于画三视图和识读三视图都十分重要。

从图 2－12 中可看到，不仅立体的长、深和高总体尺寸要符合三等规律，其各个组成部分结构的尺寸都应符合三等规律。

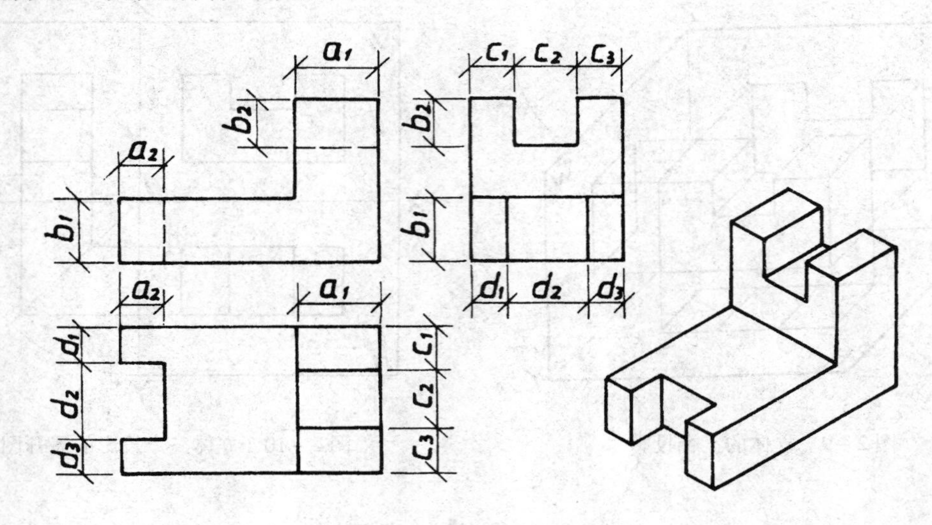

图 2－12　三视图之间的尺寸等同规律

（二）三视图不同的空间方位

由于俯视图和左视图都是要绕相应的投影轴旋转后才能处于现在的位置，当然它们图形的四周方位就不一样，如图 2－13 中所写。如主视图反映上下、左右，俯视图中就没有上下，而变成了后和前，同样左视图也不反映左右，而是后前和上下。

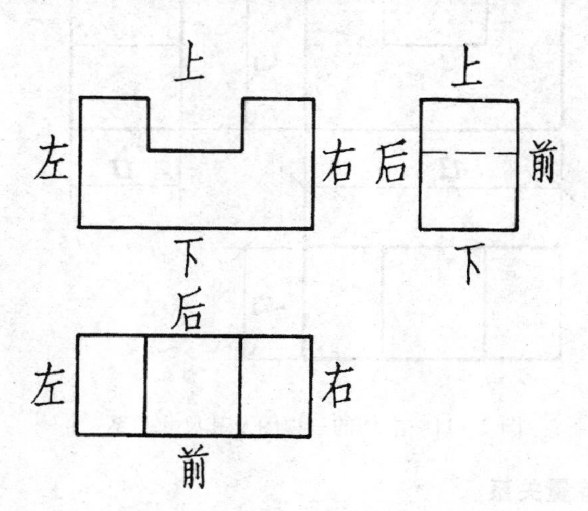

图 2－13　三视图与空间方位关系

（三）常见的基本立体的三视图

任何较复杂的立体常常是一些简单的基本几何体经变化组成的，因此我们要提高画图和看图的能力，首先必须对一些基本的几何立体的三视图要十分熟悉。这里举一些例子，我们可以用立体图和三视图对照，找出其相互关系，用三等规律和空间方位等原理来熟悉三个视图。

图 2－14 是一正六棱柱的投影和它的三视图。注意其中有倾斜于水平投影面和侧立投影面的平面，但这些平面与正立投影面 *V* 是垂直的，因此在主视图上因具有积聚性而画成一条斜线。

图 2－15 中举了 6 个立体的视图例子。读者要逐个仔细研究三个视图的形状，它们之间的尺寸等量关系，以及与空间方位的关系。

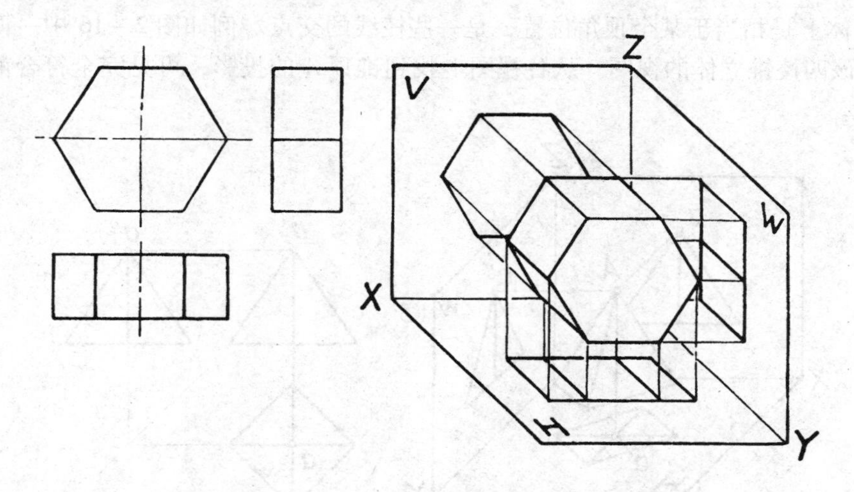

图 2－14　六棱柱三视图及其由来

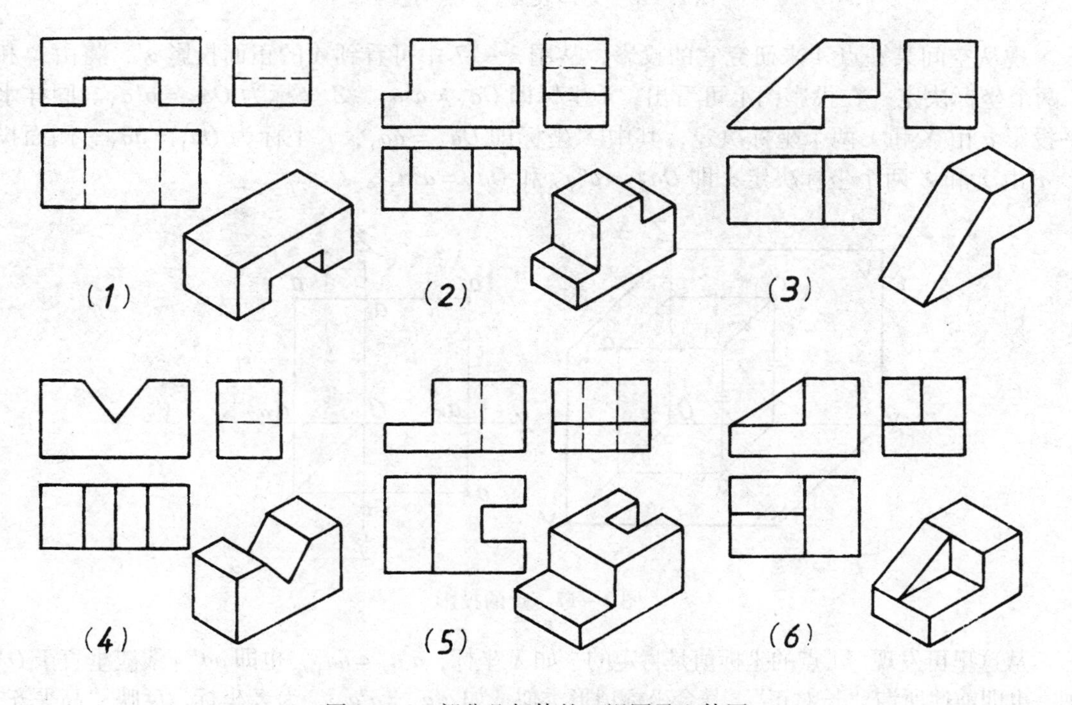

图 2－15　部分几何体的三视图及立体图

第三节　点、直线和平面的投影

为进一步深化对立体投影的研究，有必要将构成立体的顶点——点，棱线——直线和表面——平面的投影特性加以剖析。

一、点的投影

点在立体上是相当于某个顶角位置，是一些棱线的交点。例如图2－16中一四棱锥的锥顶A。看该四棱锥立体的视图，从各视图上找到锥顶A的投影，可见完全符合前面已述的投影规律。

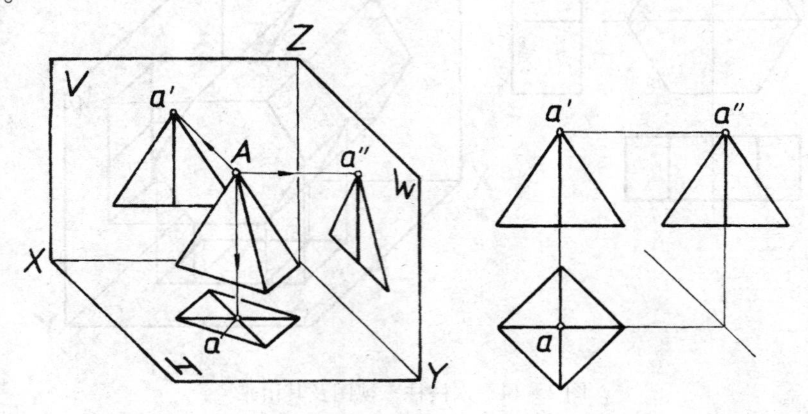

图2－16　立体表面上一点的投影

现从空间某一点A来研究它的投影，从图2－17中可看到A的正面投影a'，将由X和Z两个坐标决定，在投影图上可看出，X坐标即$Oa_X=a'a_Z$，Z坐标为$Oa_Z=a'a_X$。同样水平投影a由X和Y两个坐标决定，其中X坐标即$Oa_X=aa_Y$，Y坐标为$Oa_Y=aa_X$。侧面投影a''由Y和Z两个坐标决定，即$Oa_{Y_1}=a''a_Z$和$Oa_Z=a''a_{Y_1}$。

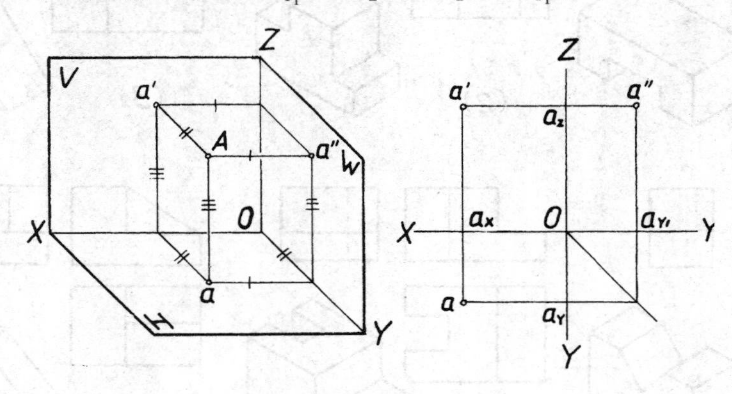

图2－17　点的投影

从这里可发现，A点的坐标值是肯定的，如X坐标，$a'a_Z=aa_Y$，也即aa'连线应垂直于OX轴，也即前述所谓“长对正”。其余坐标情形类似，如$a'a_X=a''a_{Y_1}$，为Z坐标，反映“高平齐”特征，$aa_X=a''a_Z$为Y坐标，反映“深相等”。A点的三个坐标值可写成A（X，Y，Z）。

另外，三个坐标值反映了空间该点到各投影面的距离。如 X 坐标即空间点到侧面 W 面距离，Y 坐标即空间点到正面 V 面距离，Z 坐标则是空间点到水平面 H 面的距离。

由于以上的坐标关系，从投影图中可看出，某一个点只要有两个投影，完全可以由已知坐标和三等关系求出第三个投影。如图 2－18 所示一例，已知 B 的正面投影 b' 和水平投影 b，即可作图求出侧面投影 b''，这个过程常称作“二求三”。

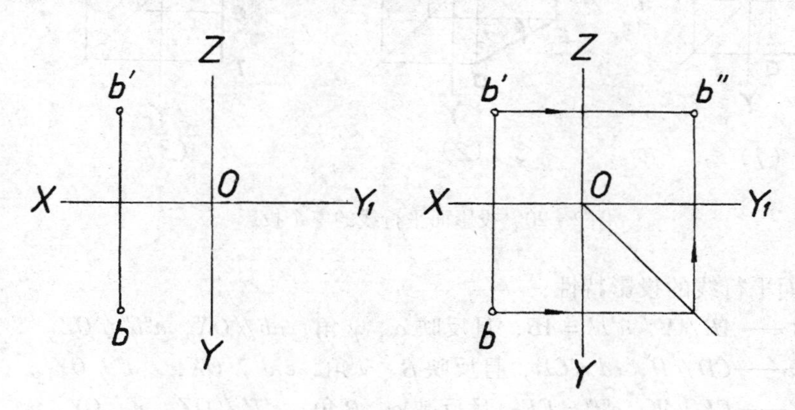

图 2－18　点的二求三

二、直线的投影

直线的投影一般还是直线。具体求投影时可分别作出直线两端点的投影再以同名投影相连。在立体上则是指棱线的投影。对投影面可以有各种不同的相对位置，如平行于投影面的直线和垂直于投影面的直线两类特殊位置的直线，此外就是既不平行又不垂直的一般位置直线。

（一）投影面平行线

如图 2－19 所示一立体，取其中一条棱线 AB 加以分析，注意 AB 在该立体三个投影中的相应位置。从其对投影面的相对位置来讲，AB 直线是投影面平行线，平行于正面 V，所以其正面投影必反映实长，且反映与 H 面和 W 面的倾角。而其余两个投影则分别平行于相应的投影轴。投影面平行线还有水平线和侧平线，见图 2－20。

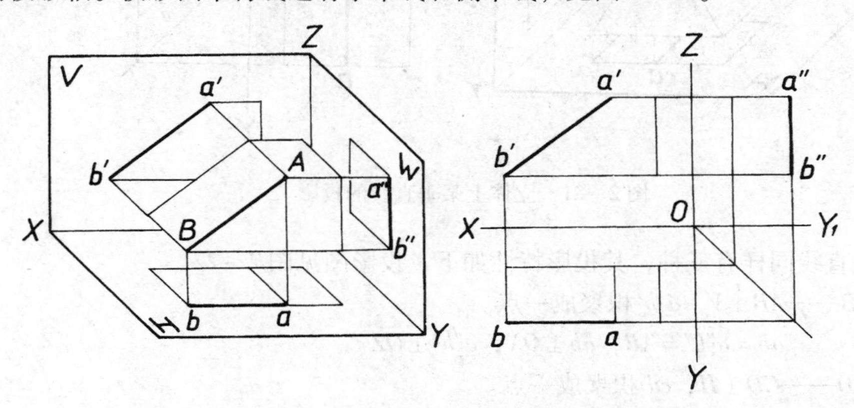

图 2－19　立体上某棱线的投影

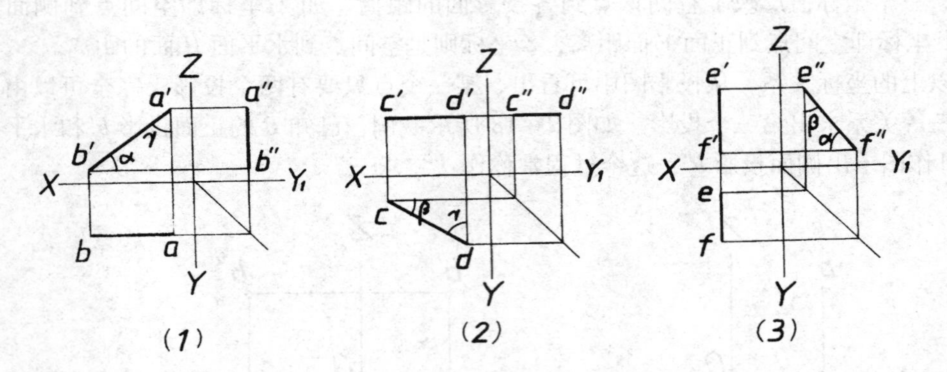

图2－20　投影面平行线的三个投影

三种投影面平行线的投影特性：

正平线 AB——$AB /\!/ V$，$a'b'=AB$，且反映 α、γ 角，$ab /\!/ OX$，$a''b'' /\!/ OZ$。

水平线 CD——$CD /\!/ H$，$cd=CD$，且反映 β、γ 角，$c'd' /\!/ OX$，$c''d'' /\!/ OY_1$。

侧平线 EF——$EF /\!/ W$，$e''f''=EF$，且反映 α、β 角，$e'f' /\!/ OZ$，$ef /\!/ OY$。

其中，α、β、γ 分别为直线与投影面 H、V 和 W 的倾角。

（二）投影面垂直线

图2－21是一三棱柱及其三个投影。其中一棱线 AB 就处于垂直于 V 面的位置，由此其正面投影必积聚成一点。因为垂直于 V 面，必然平行于 H 与 W，所以其水平投影和侧面投影都反映直线实长，且垂直于相应的投影轴。

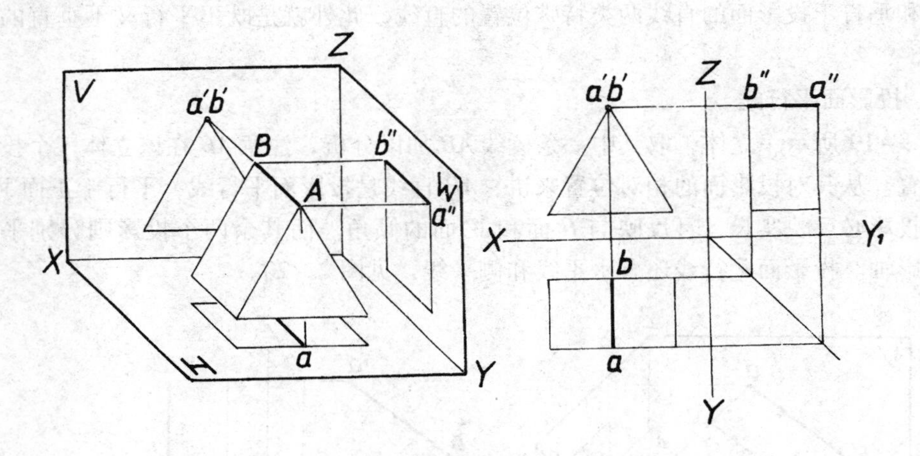

图2－21　立体上某垂直线的投影

投影面垂直线同样有三种，其投影特性如下，投影图见图2－22。

正垂线 AB——$AB \perp V$，$a'b'$ 积聚成一点。

$ab=a''b''=AB$，$ab \perp OX$，$a''b'' \perp OZ$。

铅垂线 CD——$CD \perp H$，cd 积聚成一点。

$c'd'=c''d''=CD$，$c'd' \perp OX$，$c''d'' \perp OY_1$。

侧垂线 EF——$EF \perp W$，$e''f''$积聚成一点。

$ef = e'f' = EF$，$ef \perp OY$，$e'f' \perp OZ$。

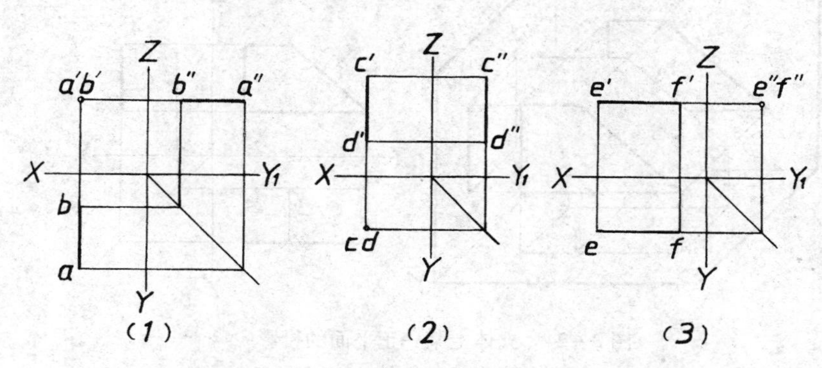

图 2－22　投影面垂直线的三个投影

（三）一般位置直线

除了上面六种两大类特殊位置直线外，既不平行又不垂直于任一个投影面的直线称为一般位置直线。如图 2－23 中 AB，由于 AB 不平行又不垂直于任一个投影面，因此三个投影均不反映实长，也不反映 α、β、γ 任一倾角。三个投影也都倾斜于各投影轴。

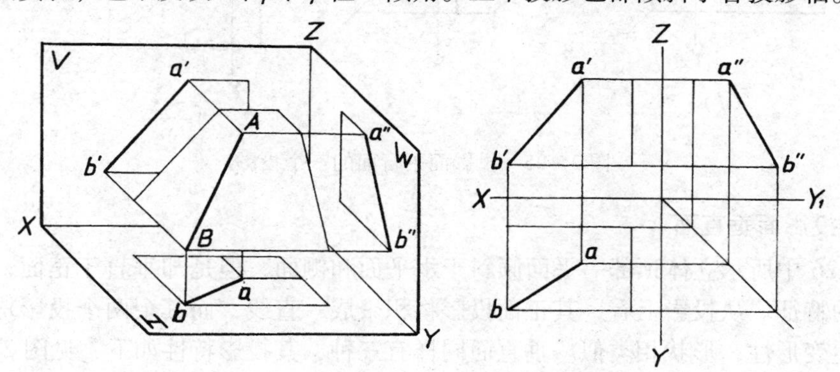

图 2－23　立体上一般位置直线的投影

三、平面的投影

组成立体的平面有各种不同位置，在投影面体系中同样有投影面平行面、投影面垂直面和一般位置平面之分。

（一）投影面平行面

图 2－24 中所示一立体，正面前面一平面即平行于 V 面，因此该平面其正面投影必反映实形，其余两个投影则都积聚成直线，且平行于相应的投影轴。三个投影面平行面的投影特性可简述如下，参见图 2－25。

正平面——平面 $/\!/ V$，正面投影反映实形，水平投影 $/\!/ OX$，侧面投影 $/\!/ OZ$。

水平面——平面 $/\!/ H$，水平投影反映实形，正面投影 $/\!/ OX$，侧面投影 $/\!/ OY_1$。

侧平面——平面 $/\!/ W$，侧面投影反映实形，正面投影 $/\!/ OZ$，水平投影 $/\!/ OY$。

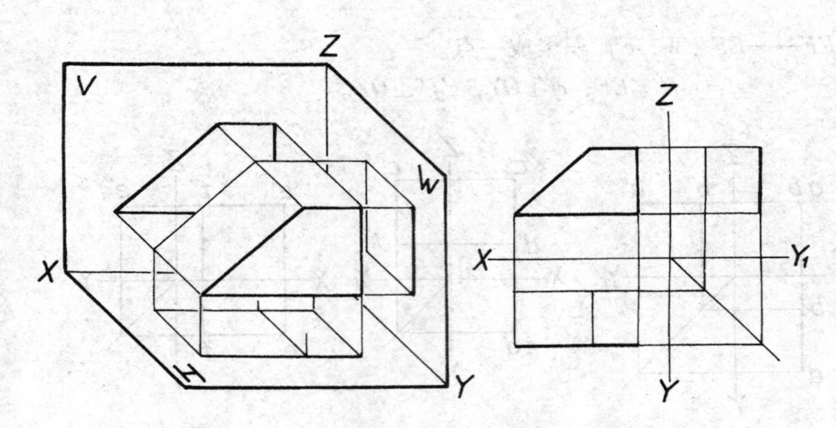

图 2－24　立体上某一正平面的投影

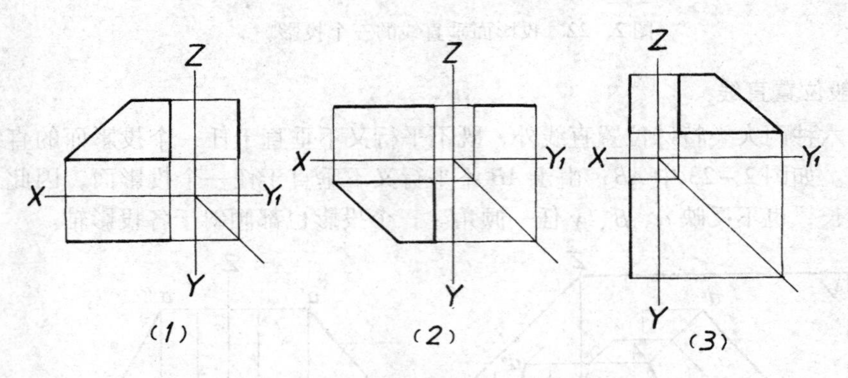

图 2－25　投影面平行面的三个投影

（二）投影面垂直面

图 2－26 中所示立体顶部一平面倾斜于水平面和侧面，但是却垂直于正面，这是投影面垂直面的特征。从投影上看，其正面投影将积聚成一直线，而其余两个投影均不反映实形，而产生变形性，形状相类似。垂直面同样有三种，其投影特性如下，见图 2－27。

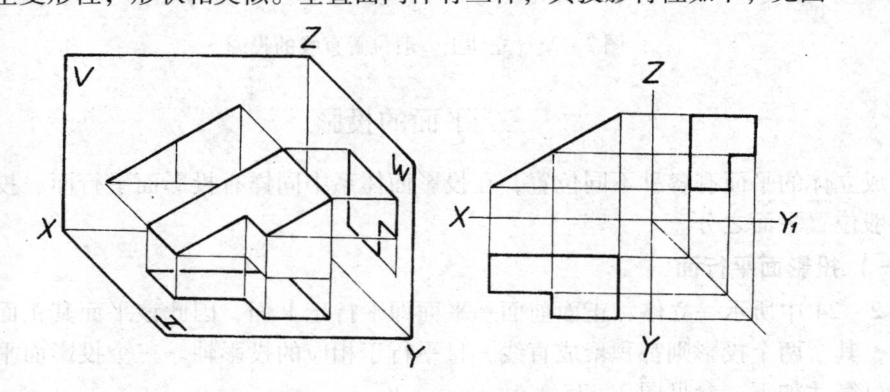

图 2－26　立体上某一垂直面的投影

正垂面——平面 ⊥ V，正面投影积聚成直线，且反映 α、γ 角，其他两投影不反映实形，但形状相类似。

铅垂面——平面 ⊥ H，水平投影积聚成直线，且反映 β，γ 角，其他两投影不反映实

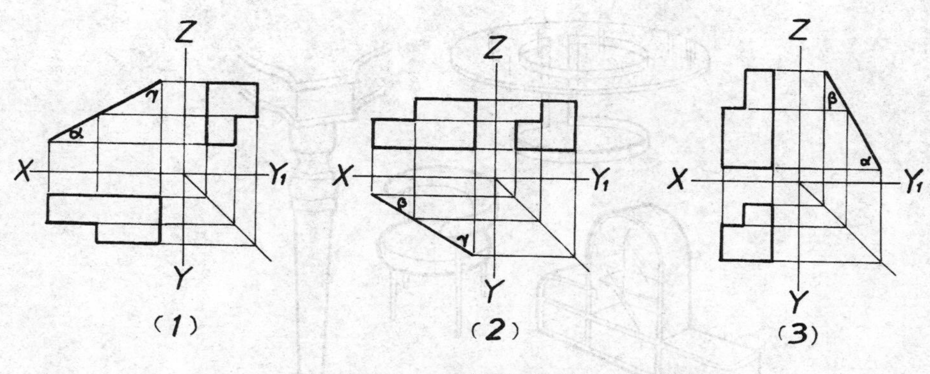

图 2－27　投影面垂直面的三个投影

形，但形状相类似。

侧垂面——平面⊥W，侧面投影积聚成直线，且反映 α、β 角，其他两投影不反映实形，但形状相类似。

（三）一般位置平面

如果一平面对三个投影面均呈倾斜位置，则这个平面称为一般位置平面，以有别于上述六种特殊位置平面。如图 2－28 中所示一四棱锥。若处于图中所示位置时，其中构成立体的四个三角形平面都属一般位置平面。图中用线条画出了其中一平面的三个投影。可以看到一般位置平面其三个投影都是几何图形，但均不反映实形，且其形状呈相类似，即反映变形性。它的投影的画法，一般可将其各顶点的投影分别画出，然后将同名投影各点相连即成。

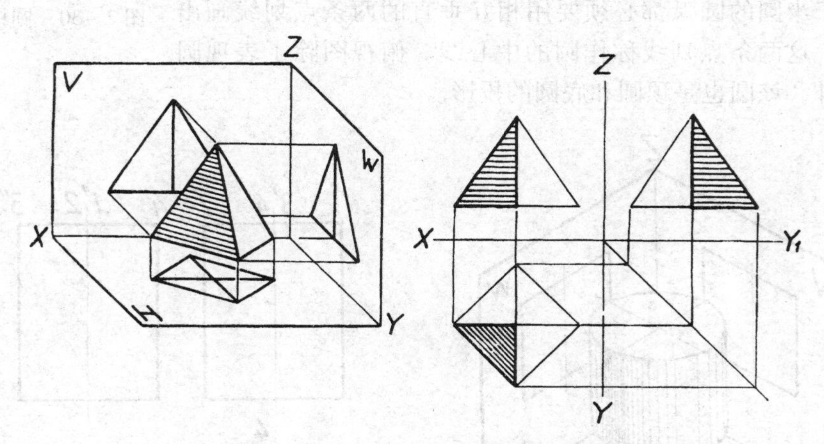

图 2－28　立体上一般位置平面的投影

第四节　曲面立体的投影

立体表面由曲面或曲面和平面构成的立体称曲面立体。无论古典的或现代的家具，都有曲面立体的造型，曲面立体有着广泛的应用。图 2－29 就是几个例子。除了雕刻和一些随意的曲线曲面外，设计中使用更多的是有规则的一些曲面立体，如回转体，像圆柱、圆锥、圆球和圆环等。

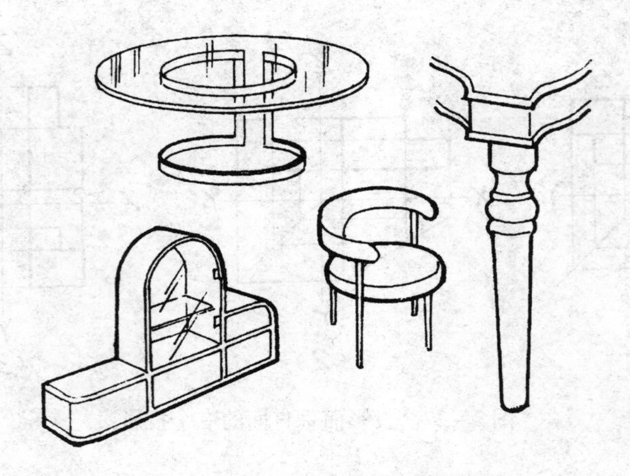

图 2－29　曲面立体在家具上的应用

一、圆　　柱

圆柱面的形成是由一已知轴线 OO_1，见图 2－30，另一与之平行的直线 AB 作为母线，与轴线 OO_1 保持等距离绕 OO_1 旋转形成的轨迹即为圆柱面。上下加顶圆和底圆就成了圆柱体。

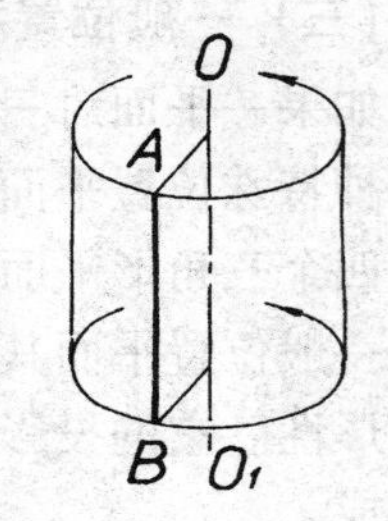

图 2－30　圆柱的形成

现设轴线为铅垂线时的圆柱体，它的三视图见图 2－31。首先其回转轴线在俯视图上积聚成一点。轴线在其他两视图上则用点划线表示。这时圆柱表面的水平投影也积聚成一圆周，在工程图中，圆或大于半圆的圆弧都必须要用相互垂直的两条点划线画出其中心位置，这两条点划线称作圆的中心线。俯视图除了表现圆柱面的圆周外，该圆也是顶圆和底圆的投影。

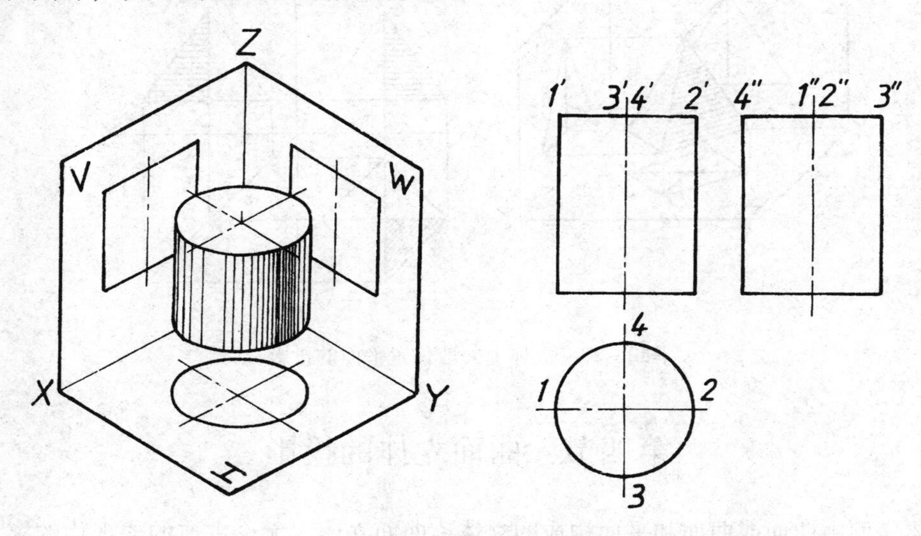

图 2－31　圆柱三视图

圆柱的主视图和左视图从外形上看完全一样。主视图上下两平行直线是顶圆和底圆的积聚性投影，左右两条垂直线是圆柱的外形素线。同理，左视图中左右两条垂直线应是圆柱最前最后的两条外形素线的投影。外形素线正好也是圆柱表面看得见与看不见的分界线，故也称转向素线。

圆柱体实际应用中还有半圆柱、1/4 圆柱和空心圆柱半圆柱等。图 2－32 举了两例。读者可分析其三视图的投影及相互关系。

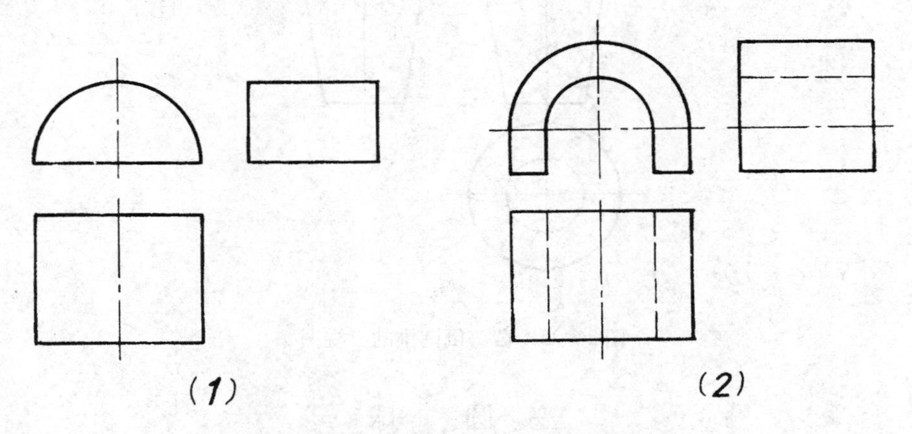

图 2－32 半圆柱和组合空心半圆柱

二、圆 锥

当已知直母线与回转轴线 OO_1 相交成一定角度时，此母线以保持相交角度不变绕 OO_1 轴线旋转即形成圆锥面，如图 2－33。如加上一与轴线垂直的底圆，即成圆锥体。

当回转轴线成铅垂线位置时，圆锥体的三视图见图 2－34。与圆柱一样，圆锥体俯视图为一圆，但与圆柱的圆不同。圆锥有一顶点 S，锥顶 S 在俯视图中正好是落在圆的中心上，可见这圆除了表示底圆的投影外，也是圆锥面的投影，即圆锥面的投影与底圆的投影相重合。圆锥的主、左视图都是三角形，各外形素线的投影情况与前述圆柱相似，读者可指认每条外形素线的三个投影位置，以熟悉它们的投影。在家具中完全用一个整圆锥的不多，多数情况是截去锥顶的圆锥，如图 2－35 是一个例子。

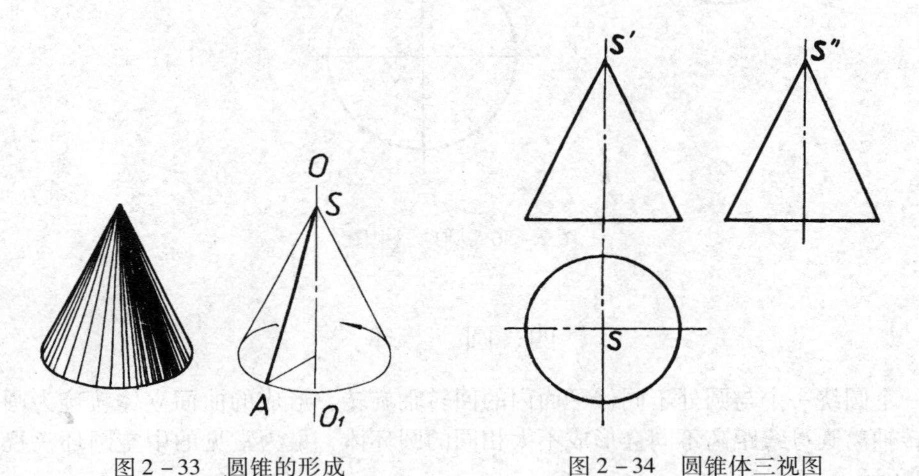

图 2－33 圆锥的形成　　图 2－34 圆锥体三视图

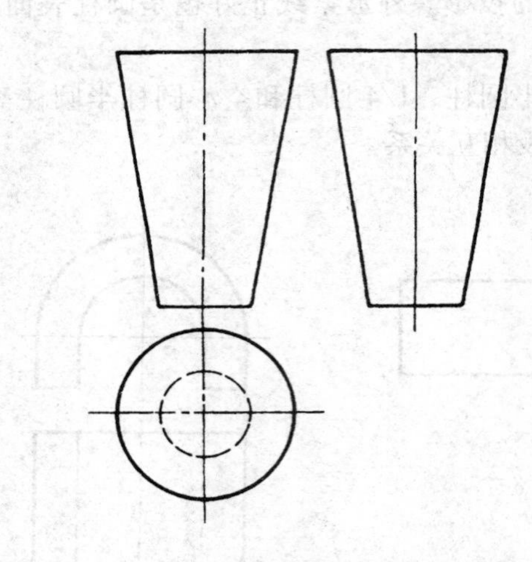

图 2 – 35　截头倒圆锥的三视图

三、圆　　球

圆球可以理解为一个圆绕其一中心线为回转轴旋转而成。圆球表面没有任何平面。圆球的三个视图即为三个圆（图 2 – 36）。三个圆表示了三个不同方向的圆球外形素线。每一个视图中的圆在另两个视图中的投影为过圆心的直线（点划线）。读者可分析三个圆各自的三个投影位置。

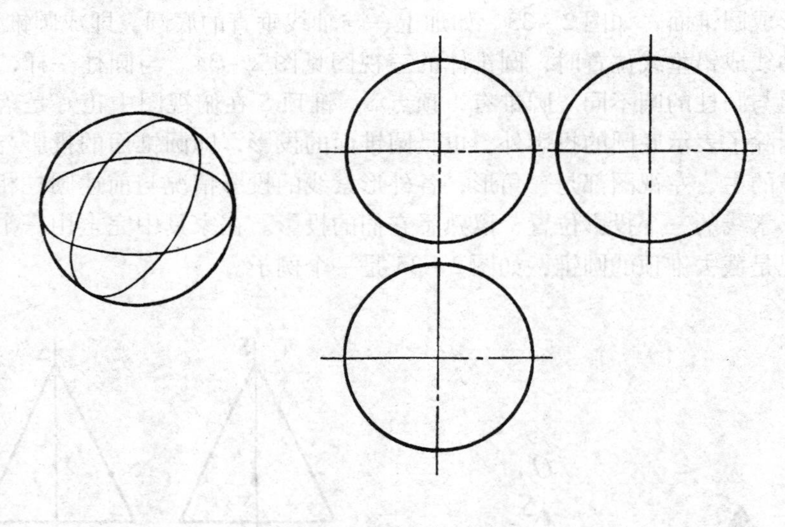

图 2 – 36　圆球三视图

四、圆　　环

当一个圆绕一个与圆处于同一平面内的回转轴旋转，形成的曲面立体轨迹为圆环。圆环因回转轴离圆母线距离不同会形成不太相同的圆环体，最为常见的中空圆环三视图可见图2 – 37所示。

图2－37是轴线为铅垂线时圆环的三视图。其中俯视图上点划线圆是小圆（母线圆）圆心的旋转轨迹。从图上可见，圆环表面可分为外环面和内环面，这两种环面在家具造型中可经常见到。图2－38就是家具某部分的形体三视图。从图可见上下两个圆柱中间部分即为内环面构成。

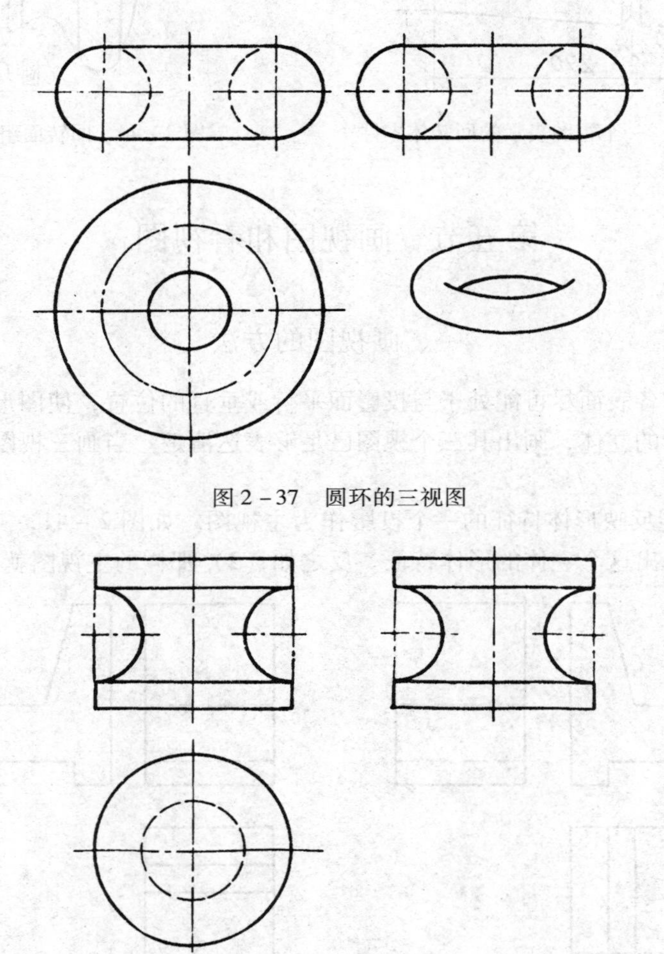

图2－37　圆环的三视图

图2－38　带内环面的立体三视图

综上所述四种曲面立体，可见具有一个共同的特性，即都是由某一母线绕一回转轴线旋转而成，由此我们称这类立体为回转体。既是回转体无论是哪一种，都必有一个视图表现为圆（轴线为投影面垂直线），也即轴线呈积聚性时立体的投影即为圆，而其他两个投影形状相同。

回转体在家具中应用甚广，如图2－39就是我们常见到的一种，由于是回转体，有两个视图相同，一个视图必为圆，在图样上常常就两个视图只需画一个，而表现为圆的视图也可省略不画，用直径尺寸已经说明是圆了，所以回转体零件往往只要一个视图就可以将形体表达清楚了。

在家具中应用各种不同的回转体可组合成所需要的多种多样形体，图2－40只是某一零件的示例。图上已指出它包括了本节所讲述的全部四种常见回转体。

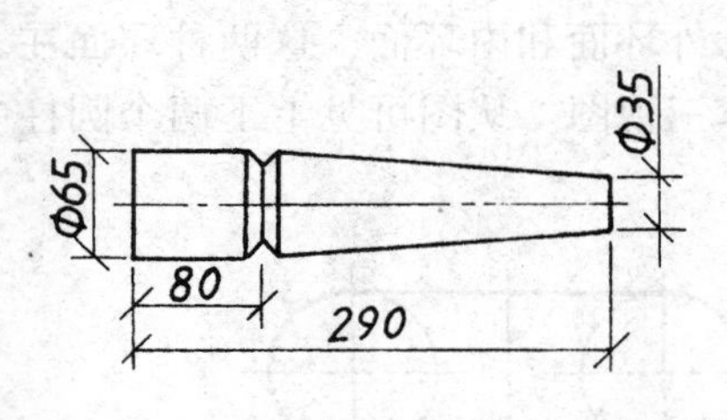

图 2－39　一个视图表示的回转体零件

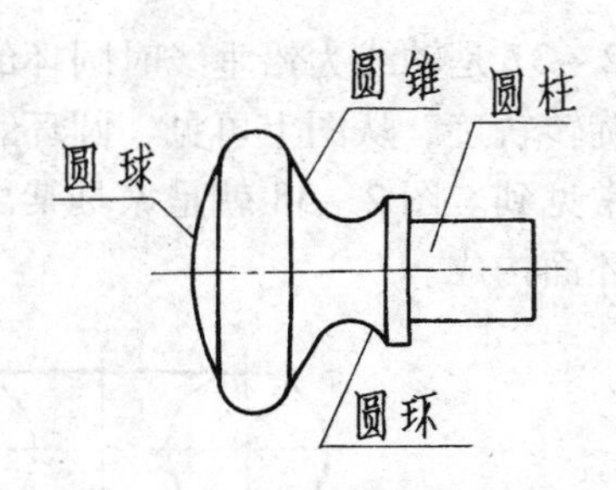

图 2－40　回转面组合体一例

第五节　画视图和看视图

一、画视图的方法

首先要使立体各表面尽可能处于与投影面平行或垂直的位置，使图形简明清晰。对于一般形状不太复杂的立体，画出其三个视图已足够表达清楚。当画三视图时还要注意如下几点：

（1）要选择能反映形体特征的一个投影作为主视图。如图 2－41，其中（1）主视图就比较清楚地反映出这个立体的形体特征。反之如（2）那样的主视图就不合适。

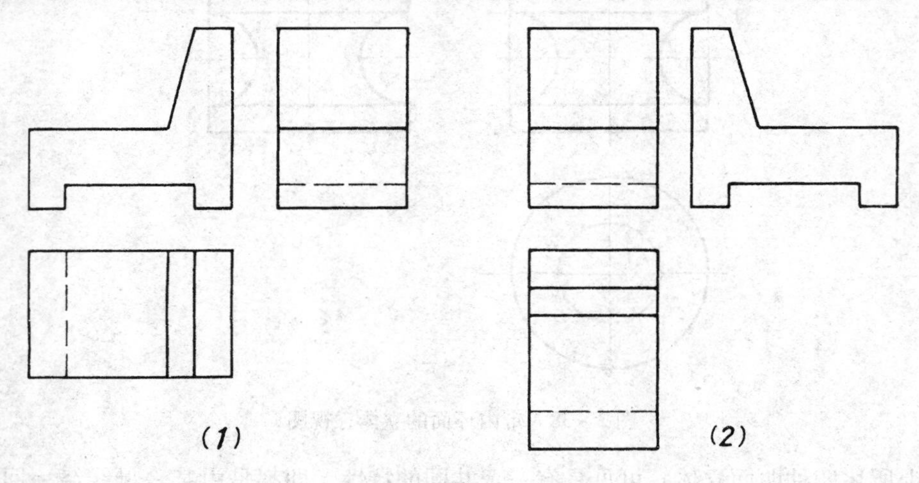

图 2－41　视图的选择

（2）当满足了上述要求后，还要注意使其他视图虚线最少，即尽可能使形体在三个投影方向上都看得见结构。如图 2－42，（1）和（2）主视图都反映形体特征，但若画成图 2－42（2）那样，左视图就都是虚线，显然不恰当。

（3）当三视图的投影方向都已确定后，就可以开始画图了。画三视图时必须注意三个视图之间的等量关系，充分运用丁字尺、三角尺、分规等工具。如要画图 2－43 所示一个沙发形体，图 2－44 就显示了画图的步骤。它的特点是画一个视图时因有等量关系，要兼顾其他两个视图，而不要只画某一视图。充分利用丁字尺、三角尺就可既准确又提高了绘图速度，避免了重复度量、重复找准对齐等动作。

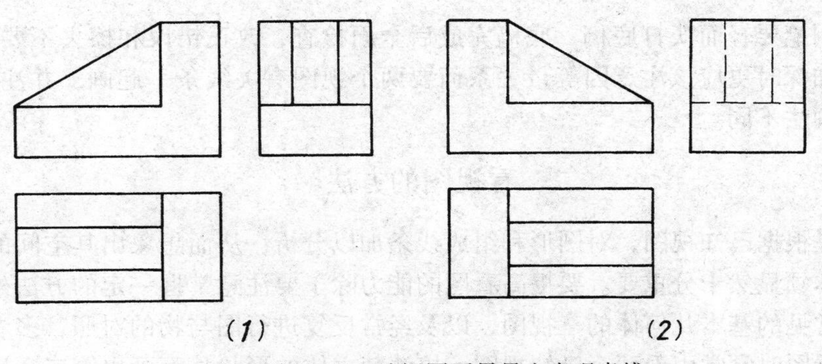

图 2－42　选视图要尽量少出现虚线

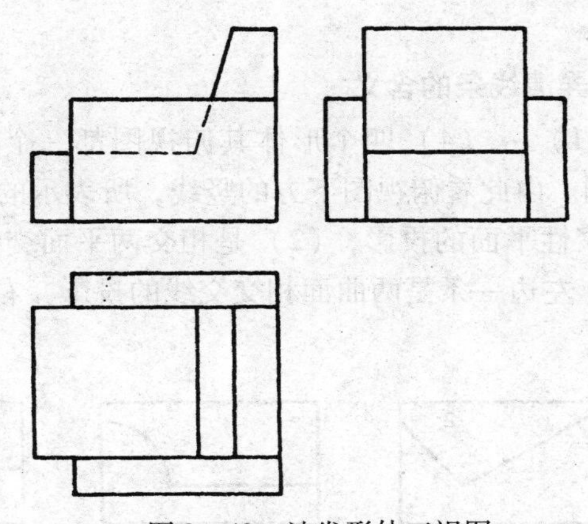

图 2－43　沙发形体三视图

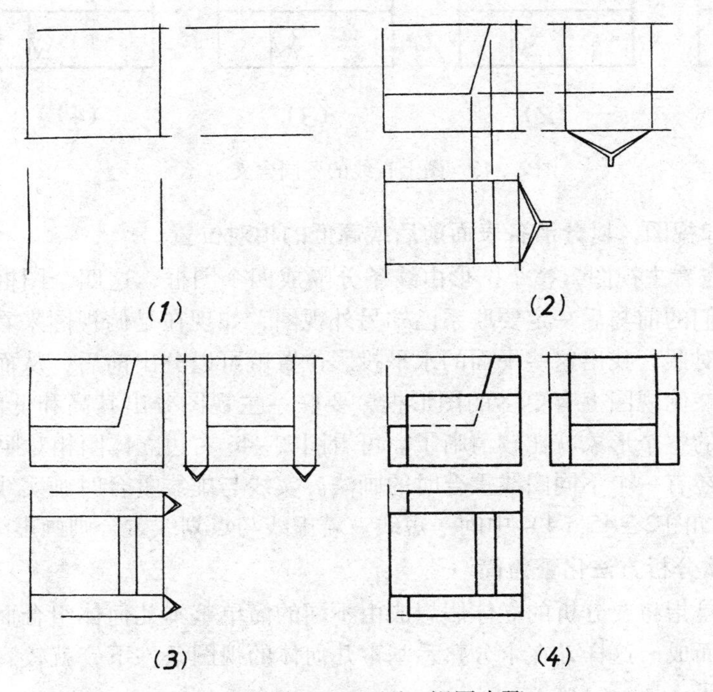

图 2－44　画三视图步骤

开始画时用笔要轻而淡打底稿，底稿完成后全面检查，改正错误和擦去不要的线条，然后才加深。加深时更应该注意因等量关系而要两个视图有关线条一起画，并注意虚线、实线粗细不同画法不同。

二、看视图的方法

看视图就是根据已知视图，对图形和组成线条加以分析，从而想象出其空间的实际形状。这个看图本领显然十分重要。要提高看图的能力除了要注意掌握一定的方法外，还应十分熟悉一些常见的基本几何体的三视图，以及经常反复进行图与物的对照，多看图，增加看图经验。看图时常常由看两个已知视图，搞清楚立体的形状从而画出第三个视图。这个方法不但可检查是否看懂了已知视图，而且可以提高看图能力。下面介绍一些基本方法。

（一）联系已知视图，弄清线条的含义

如图 2-45，可见从（1）~（4）四个形体其俯视图都一个样，但联系了各个主视图，就会发现四个形体不同。由此看俯视图下方的竖线，所表示的意义就不一样。请注意图中箭头所指，（1）是积聚性平面的投影，（2）是相交两平面交线的投影，（3）是平面与曲面相交线的投影，（4）左边一条是两曲面相交交线的投影，右边外侧那条则是圆柱转向素线的投影。

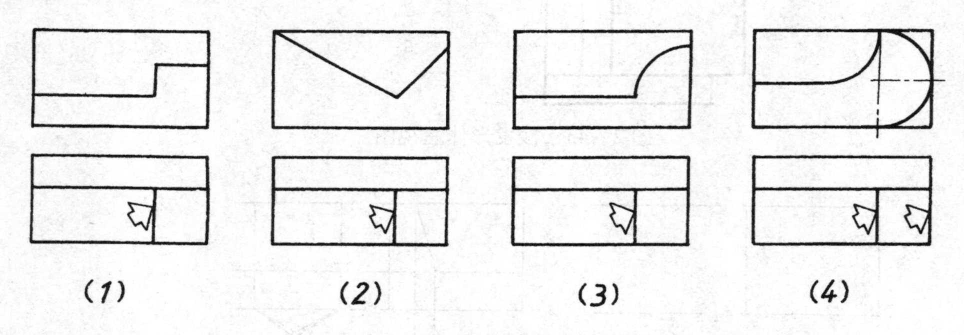

图 2-45　图上直线的不同含义

（二）联系已知视图，以分清各表面前后或高低的相对位置

如图 2-46，先看主视图，整个图形由线条分隔成四个图框，这四个图框表示这些表面有前有后，而它们的前与后一定要联系已知另外视图，如现在是俯视图来看。依据长对正原理，上下用尺对照，找出这些平面的水平投影位置就可以分出前后，从而初步认识该立体的形状。同样在俯视图上有更多的图形框，要联系主视图分出其高和低的不同位置。这样一结合，立体的整个形象就比较清晰了。可看图 2-46 右边立体图相对照。

这里要注意的还有一个不同图线重合时的画法。实线与虚线重合时画实线，实线与点划线重合画实线，如图 2-45（4）中间一短线。若虚线与点划线重合则画虚线。

（三）应用形体分析方法化繁为简

形体分析方法是指将要分析的立体假想成由不同的简单基本几何体组合而成，或者是简单几何体经切割而成。这样，在十分熟悉基本几何体的视图条件下，就较容易地识读比较复杂的组合形体了。

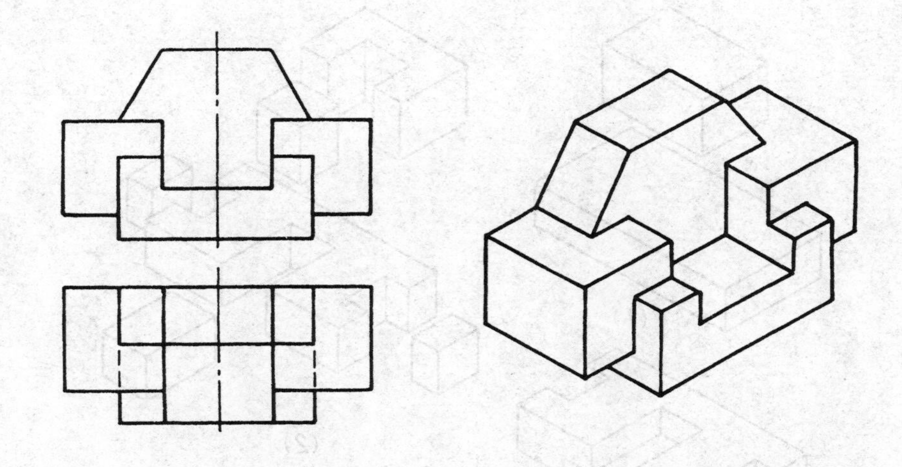

图 2－46　联系两视图分清表面高低前后

现举例说明，见图 2－47，已知一立体的两视图，试画出其左视图。我们可以设想这个立体是由几个部分组成的，如图 2－48（1）、（2）、（3）所示分解。这些部分的三视图相对比较简单，这样经过分析就容易得出图 2－47 所示形体的左视图了，见图 2－49。

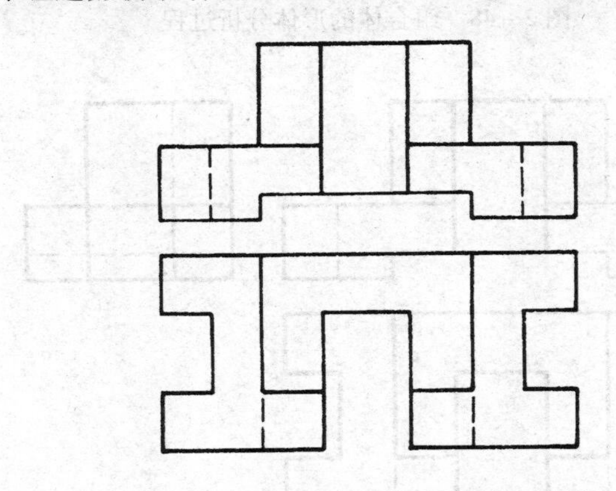

图 2－47　已知两个视图求第三视图

（四）用线面分析方法认识立体的某些表面位置和形状

线面分析方法是指利用前面所述各种位置直线和平面的投影特性来分析立体。直线在图上的各种含义已见图 2－45。平面特别是垂直面，常利用它一个投影为一倾斜直线外，其余两个投影形状相类似的重要特点。如图 2－50（1）已知两个视图求第三视图。我们按图可分析主视图上一斜线是一正垂面，其形状大致如左视图那样，是缺一块的矩形，由正垂面的投影特性，可知该正垂面的水平投影如 2－50（2）所示，形状与左视图相类似。再加上对其他部分形体结合考虑就可求出它的俯视图了，如图 2－51 所示。

再举一例说明线面分析的应用。如图 2－52（1）、（2）、（3）所示一立体，求其俯视图。该立体前后及上方一共有四个垂直面，从而构成了它的特殊形状。主视图图框在左视图上是前后两斜线，即两个侧垂面。上面两斜线即两个正垂面，可从左视图上面看到其平面的大致形状。这样就可初步画出，俯视图的外形是由这两个正垂面的水平投影构成（见

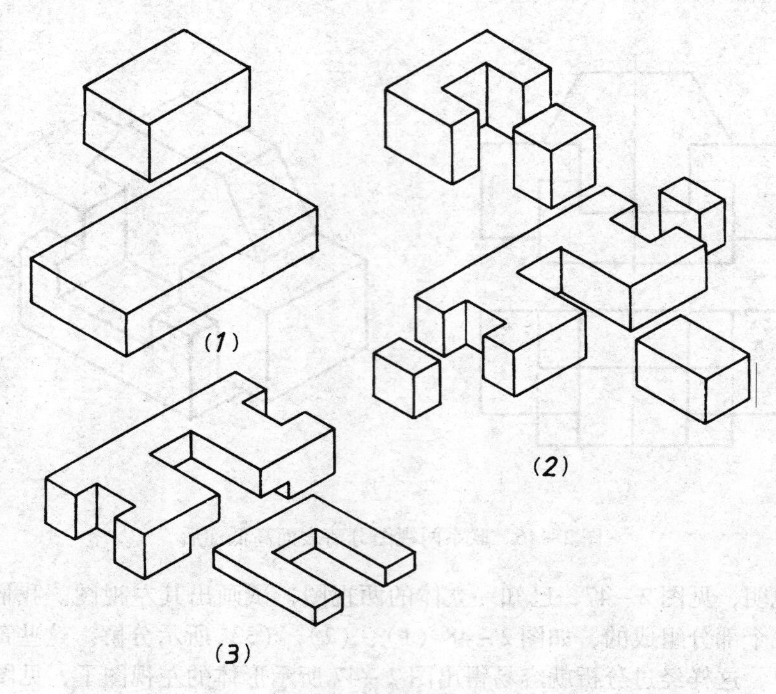

图 2－48　组合体的形体分析过程

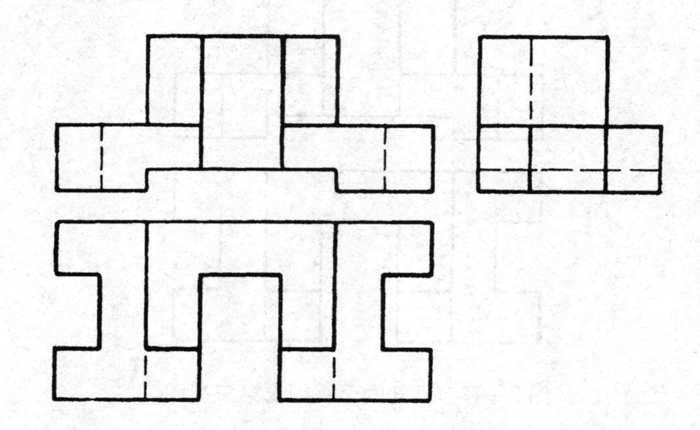

图 2－49　图 2－47 所示图形的三视图

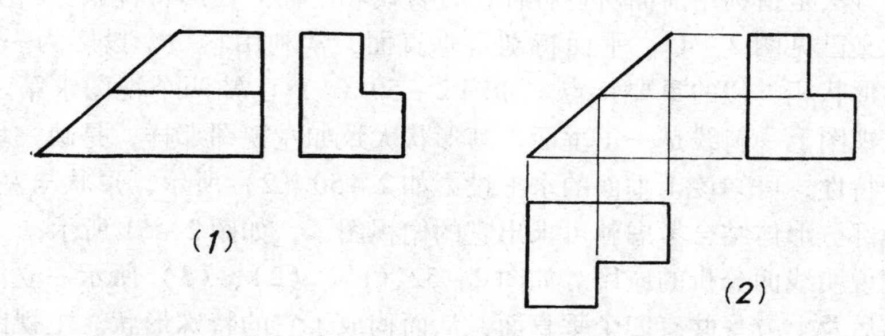

图 2－50　利用线面分析方法看图

图2－53）。由于侧垂面现处位置，在俯视图上将看不到，所以以虚线画出两底线，但仍然可看到与主视图形状相类似的两个侧垂面投影。

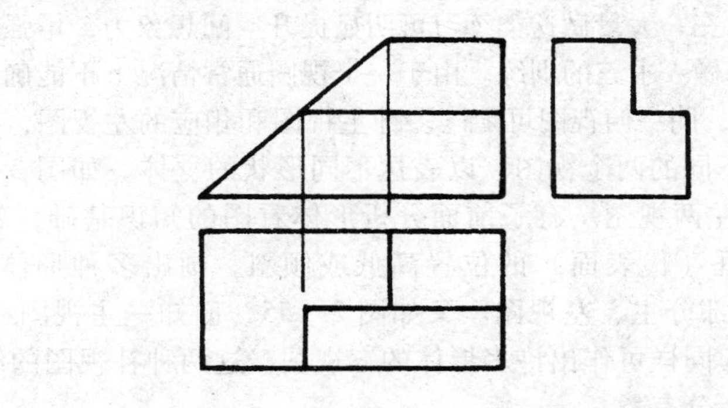

图 2－51　求出图 2－50（1）所示图形的俯视图

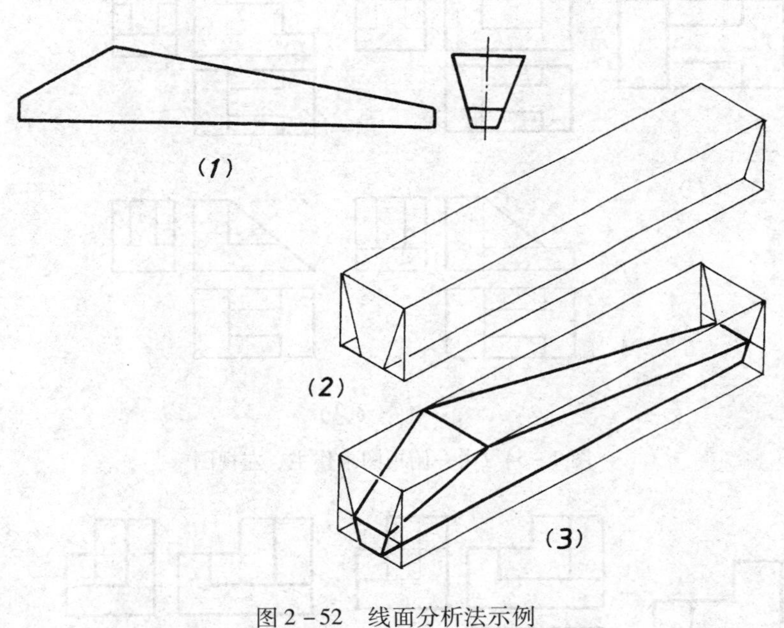

图 2－52　线面分析法示例

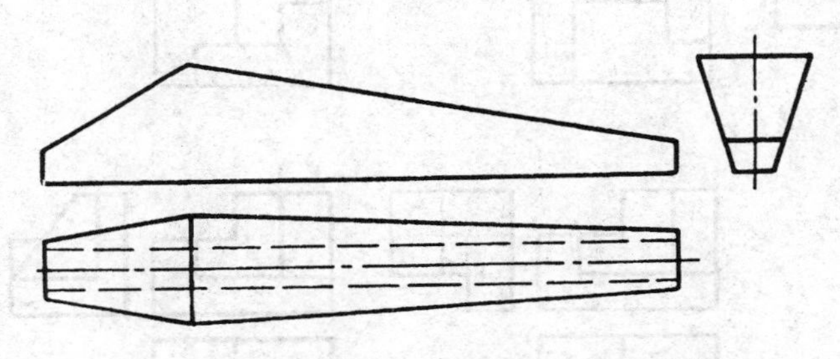

图 2－53　图 2－52 所示立体的三视图

以上介绍的看视图的这些方法，在实际应用时常常交叉综合使用，完全由读者自己的经验和基础而定，不要硬性套用。看图能力的提高还离不开做相当数量的练习，最常用的方法就是由已知两个视图试画第三个视图。

（五）综合运用分析方法提高空间想象能力

前面已提到利用已知两视图，通过形体分析和线面分析想象空间形状，从而画出第三视图这种练习常称为二求三。大量做这类练习可明显提升空间想象力，增强形象思维，同样在此基础上还可进一步做一求三的训练。由于一个视图通常情况下不能确定物体的立体形状，如前文中图2－45，同一俯视图可配以多种主视图和相应的左视图，由此可以练习由一个视图补画出多组不同的两个视图，以表达不同形状的立体。如图2－54，已知一俯视图（1），求作主、左两视图。有了前面分析形体看图的知识基础，就可运用空间想象力，分析图中各线框（代表面）的位置高低或倾斜，画出多种形体的视图表达，见图2－54（2）所示的部分主、左视图。又如图2－55，已知一主视图（1），通过分析各面的前后位置关系，同样可作出许多形体的三视图。这两种补视图的练习对于丰富设计者的空间想象能力十分有益。

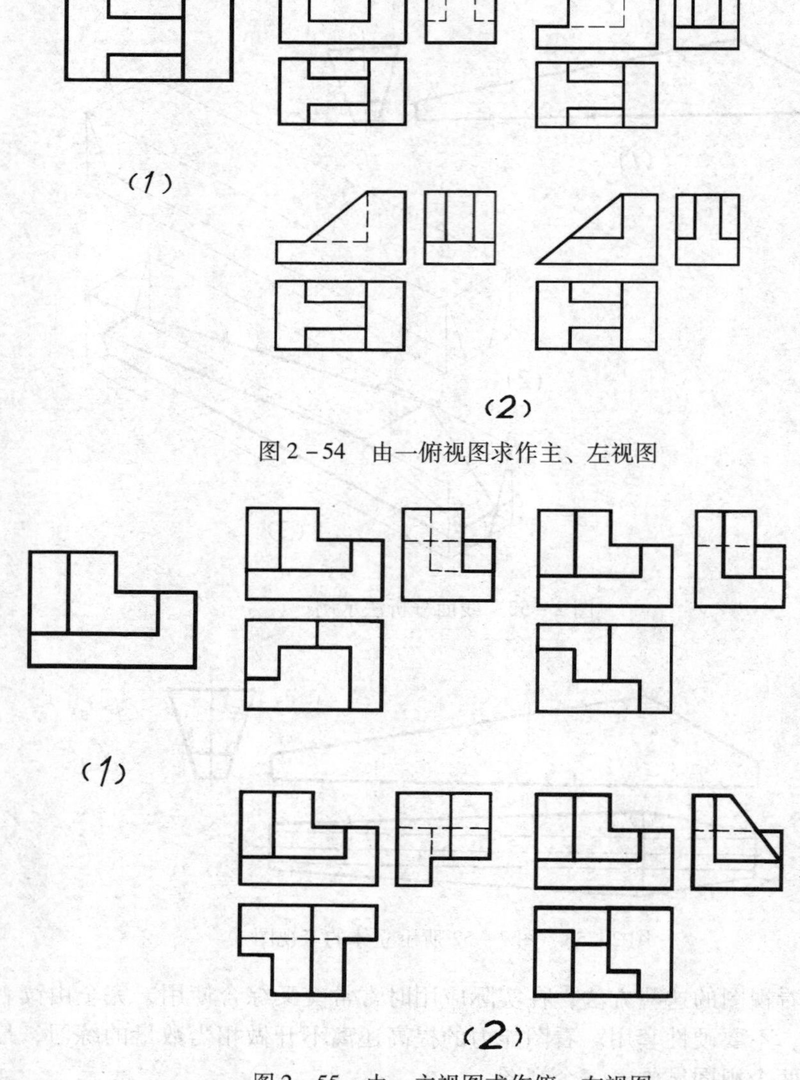

图2－54　由一俯视图求作主、左视图

图2－55　由一主视图求作俯、左视图

第六节　轴测图画法

物体按正投影方法画出视图，可获得物体正确的形状，且图形简明清晰，画图也较简单。然而也正由于积聚性、实形性这些特点造成没有了立体感。要画出有立体感的图形就要按别的方法。轴测图就是其中的一种，它仍利用平行投影。为了用一个投影面就能看到立体前后、上下、左右三个方向的图形，可采用不同的方法。

一、斜轴测图

将立体连同三个方向的坐标轴一起按斜投影方法在某投影面上投影就可得出斜轴测图。如图 2－56 所示一立方体，令其立体正面平行于轴测投影面 P，则正面形状仍将反映实形。X 方向、Z 方向长度及夹角 90°都不变，仅深度 Y 方向呈现倾斜，且将 Y 方向长度以原深度的 0.5 倍画出，这是较常用的一种画法，称为“正面斜二测”。

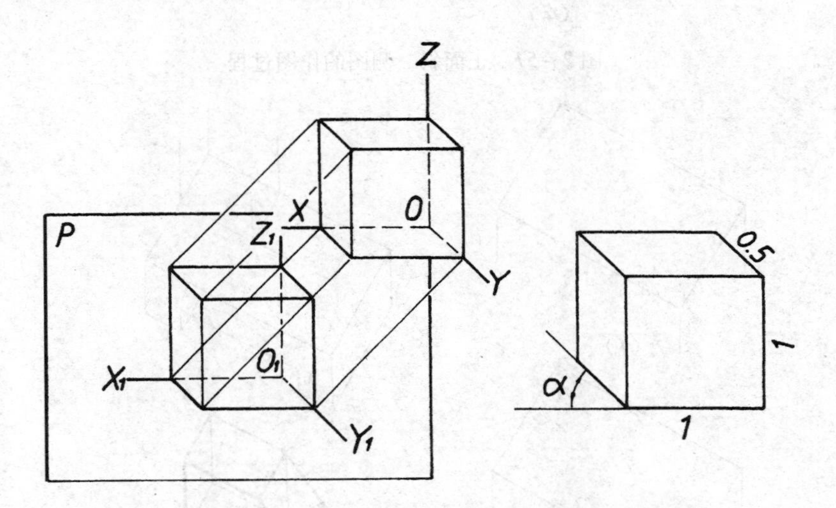

图 2－56　正面斜轴测图的形成和立方体正面斜轴测图

Y 轴倾斜的角度一般是 45°，也可用 30°或 60°，这些角度画图比较方便。

现举例说明正面斜二测图的画法，见图 2－57。已知立体的两个视图，要画其正面斜二测图。画法可应用形体分析方法分解其组成部分，逐步画出，如图 2－57 所示，然后擦去作图线，包括后面看不见的线条，因为轴测图一般是不画虚线的，最后加深完成作图。

在画室内设计轴测图时，经常将顶面平行于轴测投影面反映实形画出，这就是水平斜轴测图。图 2－57 所示立体如画成水平斜轴测图就如图 2－58 所示。读者可分析其作图过程。这里不同于前面的是将水平投影或俯视图按原样旋转一角度（30°、60°或 45°），高度方向仍保持垂直。为作图方便，高度方向长度也不缩短画出。

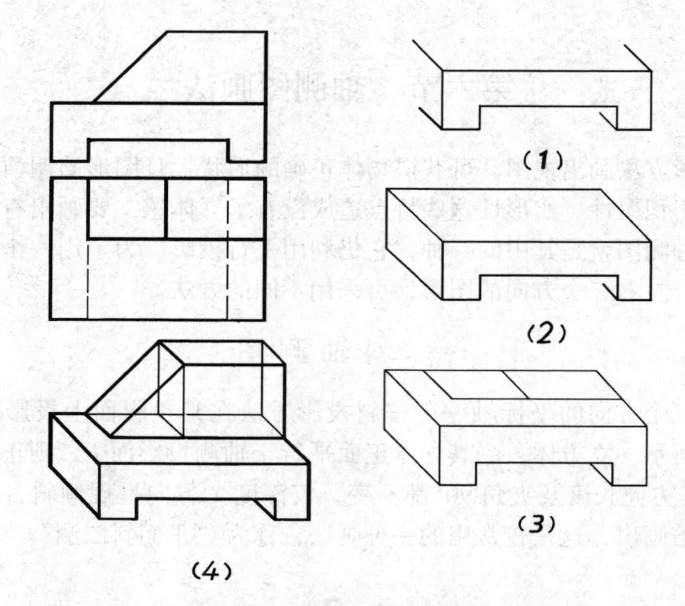

图 2－57　正面斜二测图的作图过程

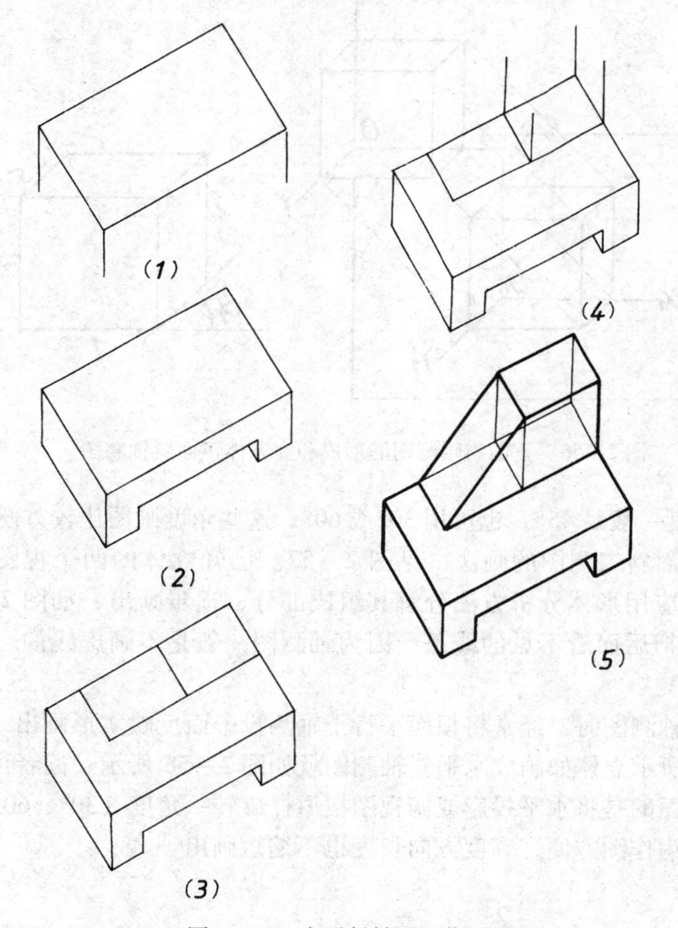

图 2－58　水平斜轴测图作图过程

二、正 轴 测 图

如按正投影方法来画轴测图，为了表现三个方向都不发生积聚性，只有使 X、Y、Z 三个方向都倾斜于轴测投影面 P，如图 2－59 所示。当三个方向与投影面倾斜角度一致时，轴测投影图上轴间角就等于 120°。为了画图方便，度量三个方向尺寸时均不缩短，按实际尺寸画出，这样画出的立体图当然比实际投影所得要大些，但这不影响立体感，所以一般都这样画。这就是正等轴测图。仍以图 2－57 所示立体为例，图 2－60 画出了该立体正等轴测图的作图过程。

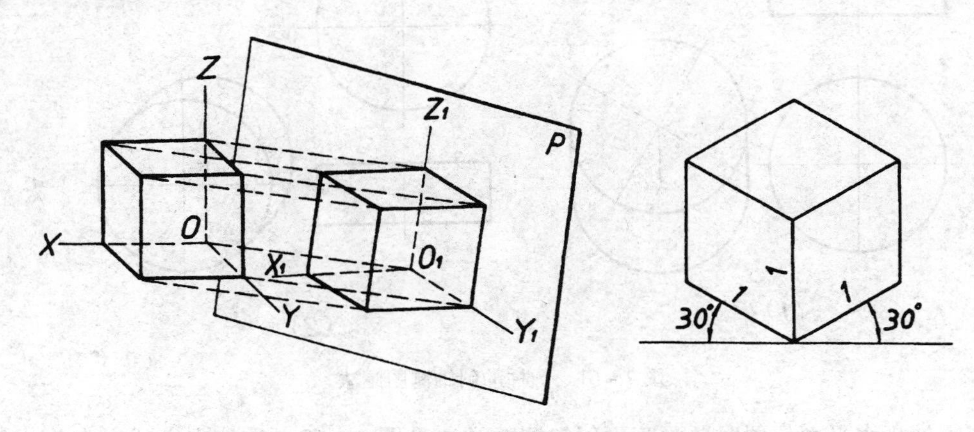

图 2－59　正轴测图的形成与立方体的正等轴测图

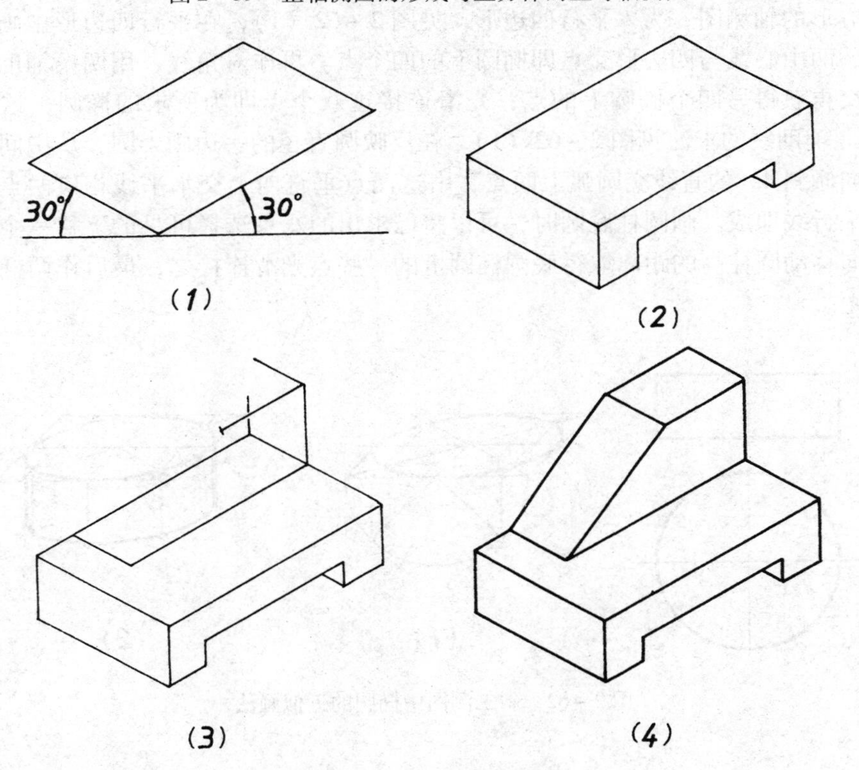

图 2－60　正等轴测图的作图过程

三、圆柱的轴测图画法

（一）斜轴测

图 2－61 是圆柱的斜轴测图画法。这里由于轴线的不同位置，（1）是用水平斜轴测，（2）是用正面斜二测，目的是使圆可反映实形，方便画图。

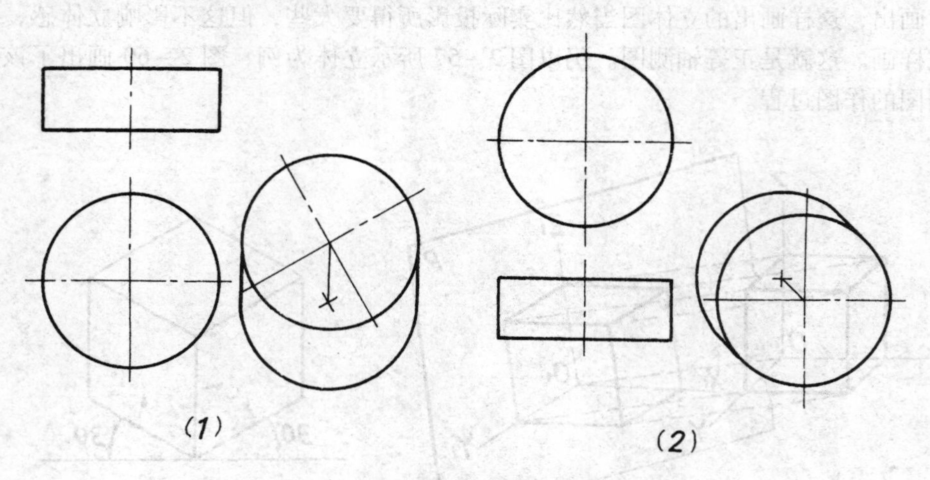

图 2－61　圆柱的斜轴测图画法

当圆处于水平面位置时要画正面斜二测的画法见图 2－62，先按中心线方向作出该圆的外切正方形的轴测图，为一平行四边形，见图 2－62（1），在平行四边形中画出中心线的轴测图，两中心线与四边形交点即椭圆上的四个点。再连对角线，用两条辅助作图线与对角线相交再获得另四个椭圆上的点，光滑连接这八个点即为所求的椭圆，这个方法称“八点法”。辅助线的求法见图 2－62（1），在反映圆直径的一边画半圆，从中间向两边作与水平方向倾斜 45°的直线交圆弧上两点，由这两点垂直向上交水平线相应两点，过这两点作相应平行线即成。画圆柱底圆时，可以将已求出的八点选择可见的下移一个高度，即按轴线方向移动圆柱高的距离取得底圆椭圆上的一些点光滑连接之，最后作两椭圆公切线即完成作图。

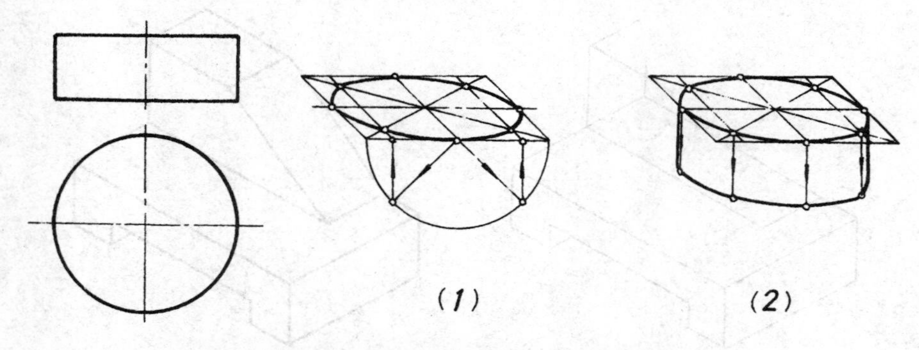

图 2－62　斜二测图中椭圆的近似画法

（二）正等测

图 2－63 是圆柱轴线为铅垂线时的正等测图。可见水平面圆在轴测图上将会是椭圆。它的近似画法见图 2－64。图中画的是一水平圆，首先按圆的中心线方向（X 和 Y 轴方向）画出两条中心线 AB 与 CD，按直径大小在这两条中心线轴测图上量得 A、B、C、D 四点。过这四点作圆的外切正方形的正等测图，是一菱形。以两个钝角 1、2 为圆心，以 $1C$、$1B$ 和 $2A$、$2D$ 为半径作两个大圆弧，见图 2－64（2）。再连菱形水平对角线，以菱形中心为圆心，以中心到大圆弧距离（E 点）为半径作圆弧交于水平对角线上 3、4 两点，3、4 两点即为两个小圆弧的圆心，连大小圆心并延长至与大圆弧相交，即可找出小圆弧半径，如图 2－64（4）连 1、3 延长至 F，以 $3F$ 为半径画小圆弧。另一边完全一样作图。如为作圆柱的正等轴测，另一个椭圆可利用已求出的圆心，移位重复作大小圆弧即成，最后按轴线方向作两椭圆的公切线，可完成作图。最后，读者一定会注意到，轴测图中用画圆弧的方法作的椭圆都是近似椭圆。

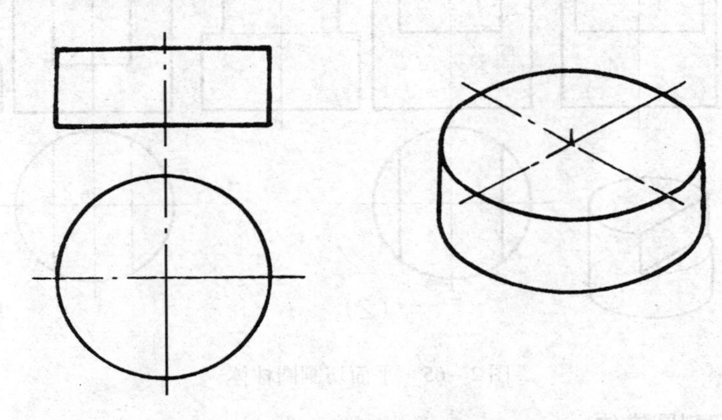

图 2－63　圆柱的正等测图

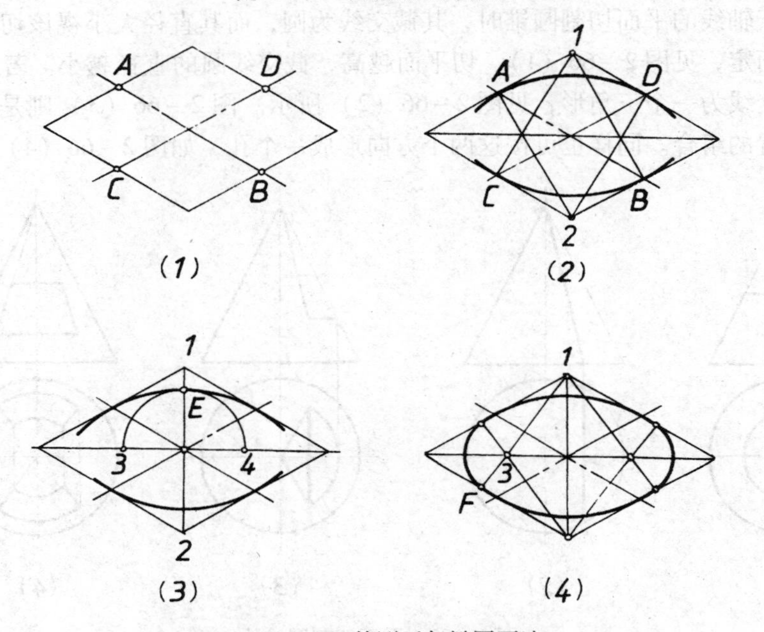

图 2－64　正等测近似椭圆画法

第七节　常用交线的画法

一、平面切割回转体

（一）平面切割圆柱体

垂直于轴线的平面切割圆柱时，其截交线将仍为圆。平行于轴线的平面切割圆柱，截交线是一矩形，矩形的大小视切平面离轴线距离而定，见图2-65（1）、（2）。图2-65中（3）圆柱穿一矩形孔，实际上可分析为由四个前述切平面组合切割而成。

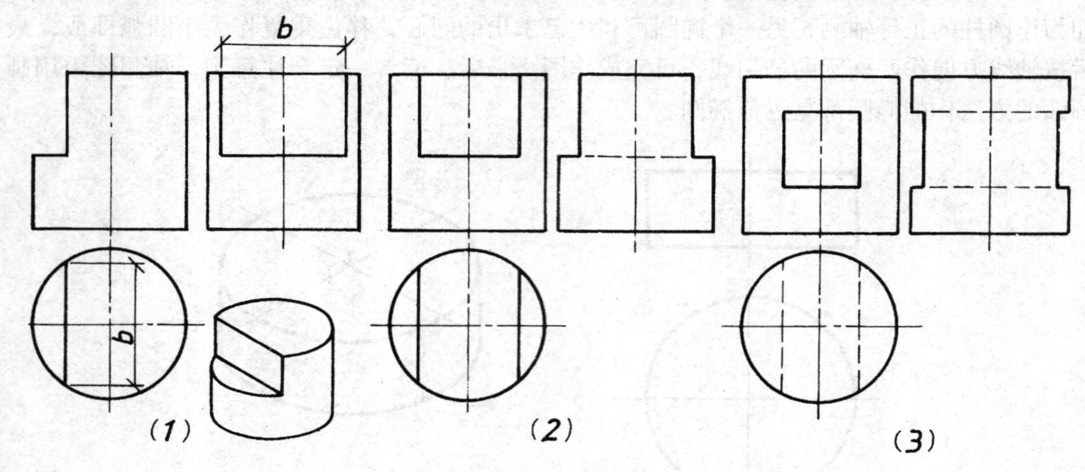

图2-65　平面切割圆柱体

（二）平面切割圆锥体

当垂直于轴线的平面切割圆锥时，其截交线为圆，而其直径大小视该切平面距离锥顶的高度位置而定，见图2-66（1）。切平面越高，截交线圆的直径越小。若切平面通过锥顶，则其截交线为一个三角形，见图2-66（2）所示。图2-66（3）则是（1）和（2）两种切割位置的组合。同样也可按这两个方向形成一个孔，如图2-66（4）所示。

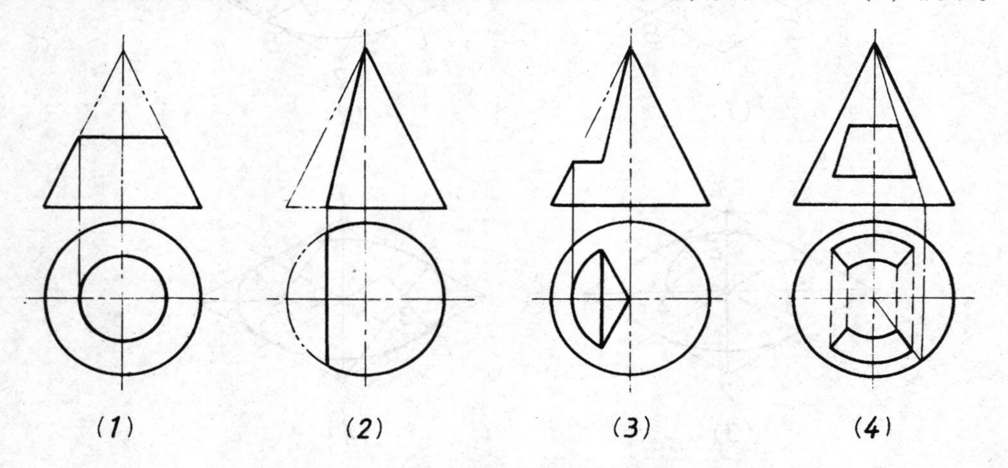

图2-66　平面切割圆锥体

（三）平面切割圆球

任何位置平面切割圆球，其截交线形状均为一个圆。当切平面为投影面平行面时，则圆的一个投影反映实形，另两个投影为两条直线。圆的直径视该平面离球心位置而定，见图2-67。直径的具体大小可从圆的投影反映为积聚性直线的视图上量得。

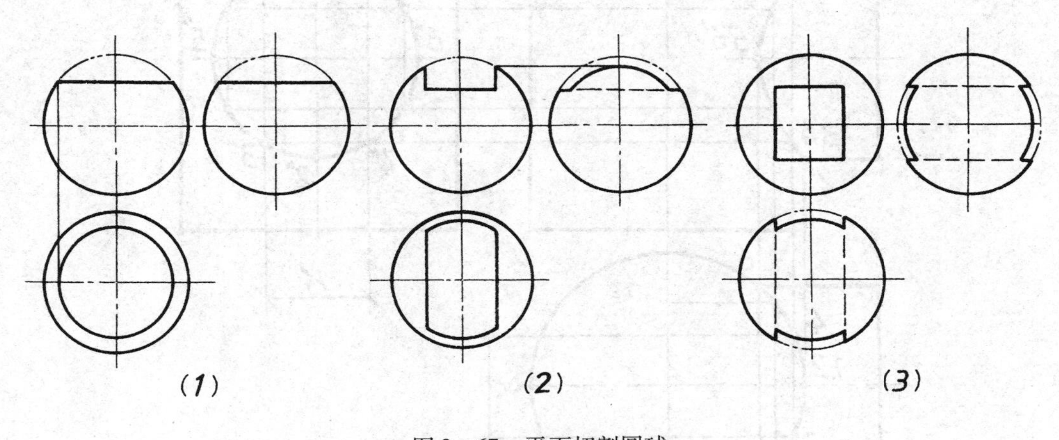

图2-67 平面切割圆球

二、两圆柱相交

（一）用找点的投影方法求交线的投影

当两圆柱轴线相交，且都处于垂直线位置时，是两圆柱相交应用最普遍的一种形态。圆柱面是曲面，两圆柱相交的交线就一定是曲线。两曲面立体的相交线具有两曲面共有的性质。一般情况下相交线都为空间曲线，而不是平面曲线。现举一例说明其相交线的求法。见图2-68，大圆柱轴线为铅垂线位置，交线在大圆柱表面，则它的水平投影必落在大圆柱水平投影圆周上。同样，小圆柱轴线是侧垂线，小圆柱在左视图上投影积聚成一圆，交线也应在小圆柱表面，因此交线的投影也必与左视图上圆周重合。只有主视图两个圆柱表面都没有积聚性，所以交线的正面投影就需要求出。由上分析，交线已经有了两个投影，就可以由两个投影求第三投影的方法求出交线的正面投影。具体方法是找出曲线上的一些点的第三投影，积一定数量的点的正面投影，光滑连接之即为交线的正面投影，如图2-68所示。由于两立体相交后前后对称，交线的前一半与后一半完全相同，因此看不见的后半部曲线虚线与前一半曲线实线重合。

（二）简易画法作两圆柱相交线

如果对交线的投影不要求十分严格，对轴线垂直相交的两圆柱相交交线可以用一种简易的方法求之，如图2-69。方法是用大圆的半径画一圆弧作为近似的相交线的投影。圆心在小圆柱轴线上，曲线弯向大圆柱。

三、回转体共轴相交时的交线

当两个或两个以上回转体相交，若轴线为同一轴线，这时其交线为一垂直于轴线的圆，见图2-70。图上方是圆柱，中间为圆球，下方为圆锥，这样交线为上下两个圆。图上因积聚而表现为水平线，显然其俯视图是大小不同的圆，图上未画出。

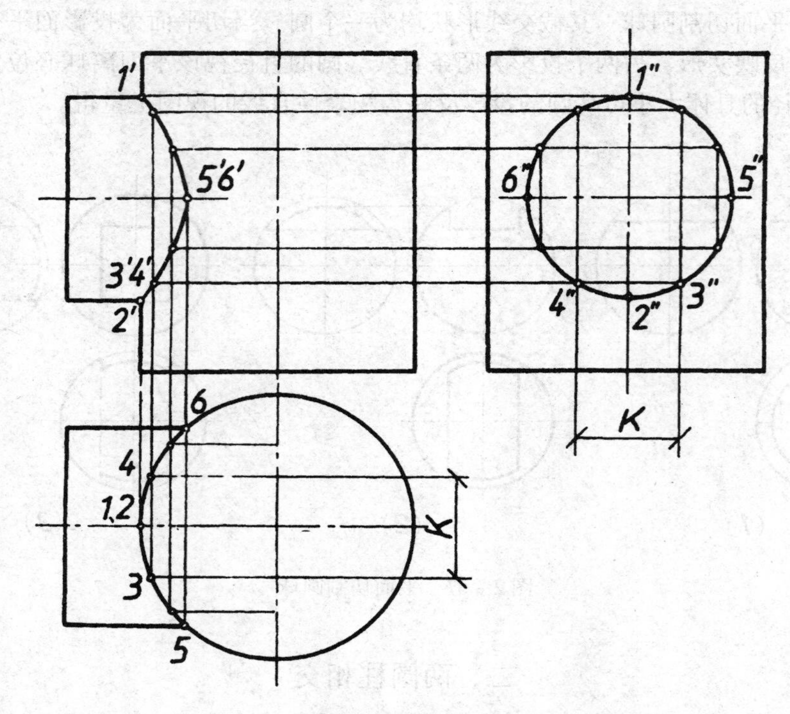

图 2－68　两圆柱相交求交线

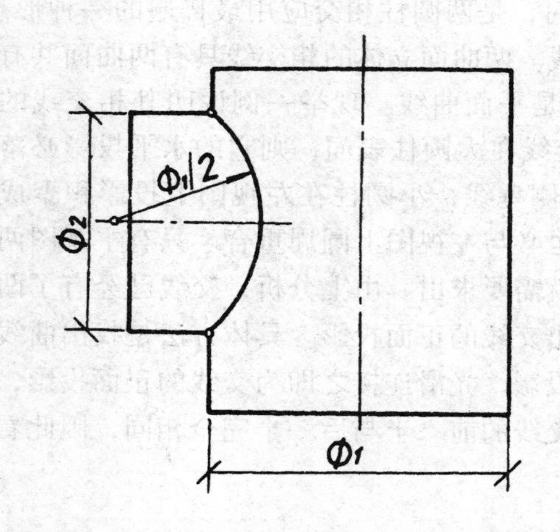

图 2－69　轴线垂直相交两圆柱交线的简易画法

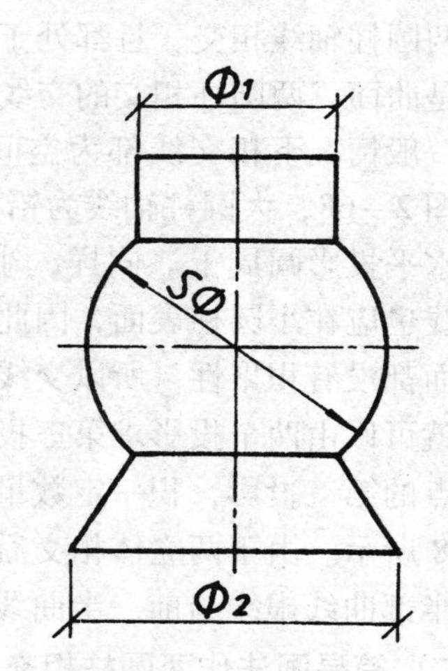

图 2－70　回转体共轴相交交线

四、特殊形状的交线

当两回转体轴线相交，且能以一个球与之都相切，见图 2－71（3），这时交线是平面曲线，一般是椭圆。这样在一个视图上就可能积聚成直线，图 2－71（3）则是两个半椭圆。

最为常见的是两直径相同的圆柱相交，如图2－71（1）和（2）所示。这时为两个椭圆或两个半椭圆，图上则画成与轴线倾斜45°的直线。

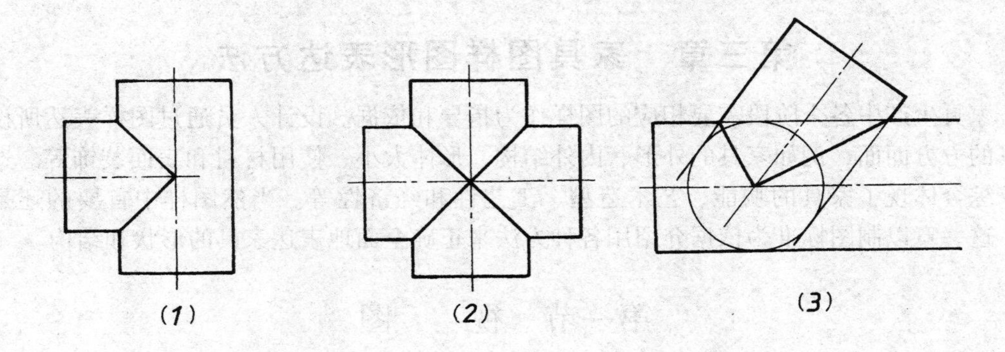

图2－71　特殊形状的交线

第三章　家具图样图形表达方法

家具生产中各个阶段需要相应的图样作为指导和依据。设计人员通过图样表达所设计家具的方方面面，例如家具的外形、内外结构、形体大小、使用材料和表面装饰等。这些要求综合体现了家具的功能、艺术造型、工艺性和经济性等。当然图样中首要的还是图形。这一章以制图标准为依据介绍用各种方法来正确全面地表达家具的形状和结构。

第一节　视　　图

一、基本视图

（一）基本视图的名称和视图位置

前一章已经介绍了用正投影方法按三个投影方向得到三个视图，即主视图、俯视图和左视图。这三个视图是应用最多的，但为了满足不同需要，国家标准还提供了与前三个投影方向 a、b、c 相对的另三个投影方向 d、e、f，由此又得到三个视图，见图 3－1。其中各视图的名称是：*A* 主视图，*B* 俯视图，*C* 左视图，*D* 右视图，*E* 仰视图和 F 后视图。

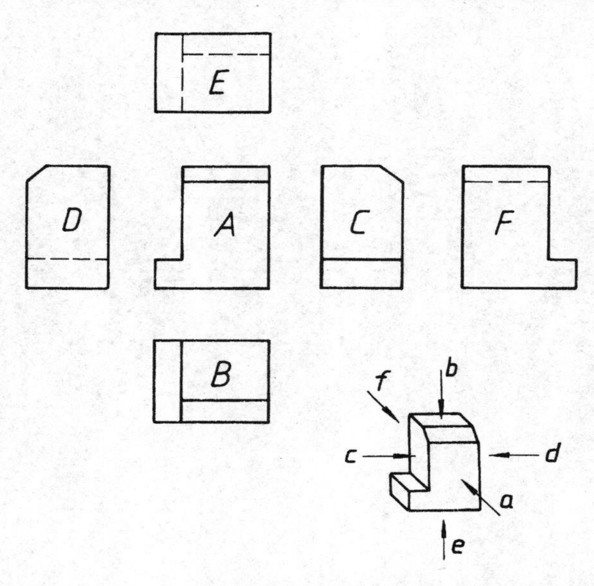

图 3－1　6 个基本视图及其排列位置

这 6 个表达物体外形的视图称为基本视图。物体与 6 个投影面的关系和投影面的展开见图 3－2（1）和图 3－2（2）所示。

在同一张图纸内按图 3－1 配置基本视图时，可不标注视图名称。如果由于图形安排上的需要，不能按图 3－1 所示视图位置配置时，也可自由配置。如图 3－3 中，主、俯、左三个基本视图位置不变，而其他视图视需要可自由安排在适当位置，只要用箭头指明该视图来源的投射方向并注上字母，在该图上方标注相同的字母，并在其后写上“向”字，如“*A* 向”。这个视图就称为“向视图 ”。图 3 –3 中“*A* 向”“*B* 向”“*C* 向”各图都是向视图。

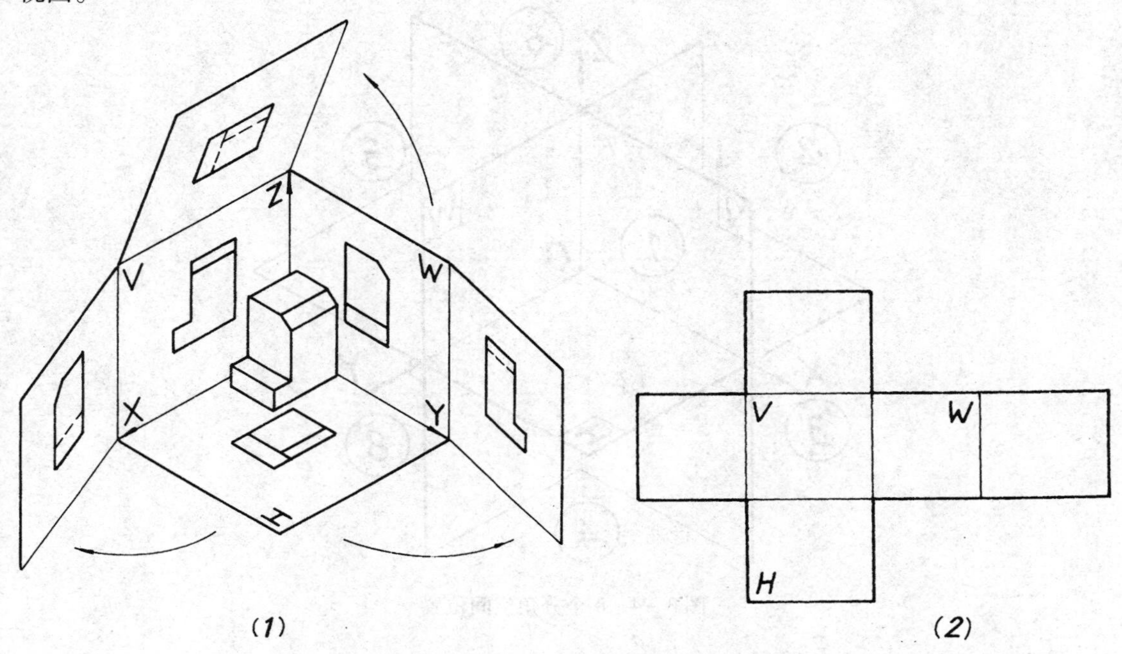

图 3 –2　6 个基本视图的由来与投影面展开图

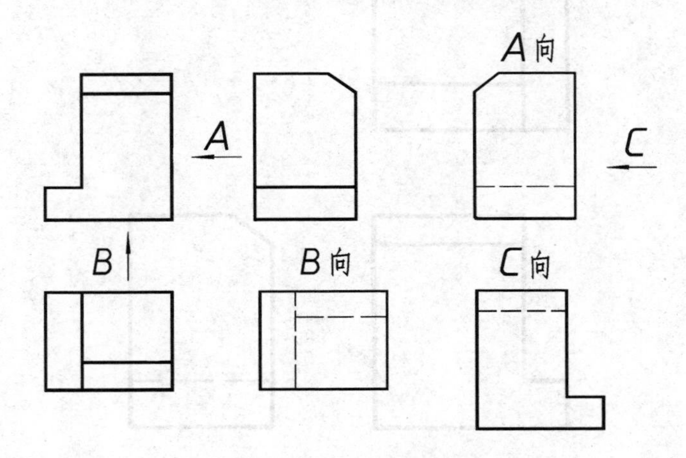

图 3 –3　向视图

（二）第三角画法

以上的画法是我国国家标准规定的统一画法，也就是第一角画法。物体所处的空间位置如图 3 –4 中①所示空间，即第一分角空间。有时我们会见到另一种画法，例如同样上述立体的三个视图按图 3 –5 所示配置，这就是“第三角画法”。首先物体是置于第三分角内，见图 3 –4 中③那一个空间。投影时投影面是处于观察者与物体之间进行的，然后按规定方向展开投影面，展开方法见图 3－6（1）所示。水平面 H 在顶上，绕 OX 轴向上旋转与 V 面取平；而侧面 W 绕 OZ 轴（$-Z$）向前旋转与 V 面取平，这样得到三个基本视图的位置，见图 3－6（2）、（3）。这样配置的视图也可不标注视图名称。

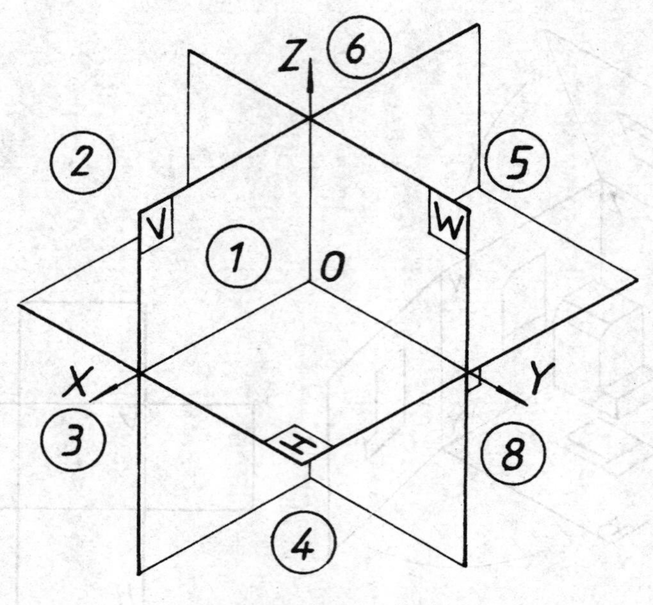

图 3－4　8 个分角空间位置

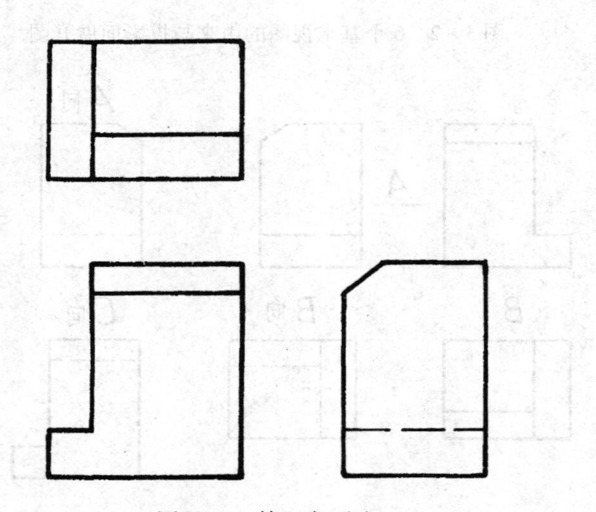

图 3－5　第三角画法

图样必要时如采用第三角画法，就必须要在图样中画出第三角投影的识别符号，识别符号的画法见图 3－7。

当图样按第一角画法时，若有必要注明是第一角画法，则可画第一角画法识别符号，如图 3－8 所示。

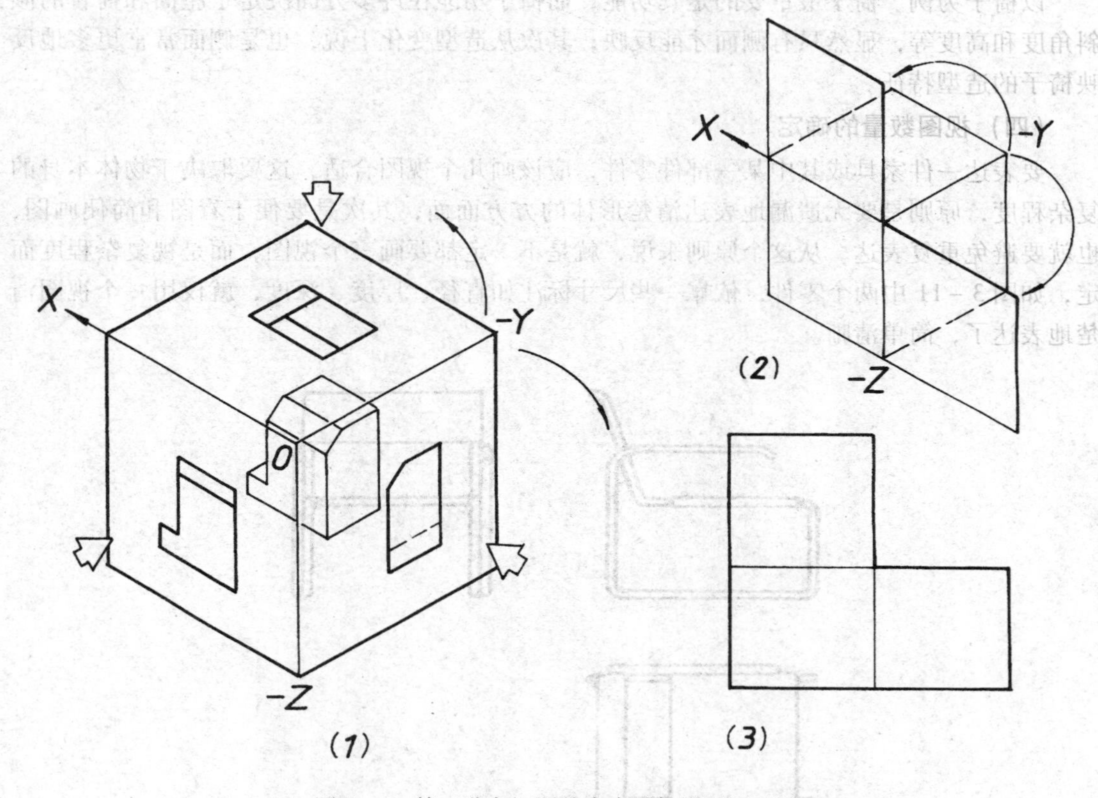

图 3－6　第三分角视图的由来及投影面展开图

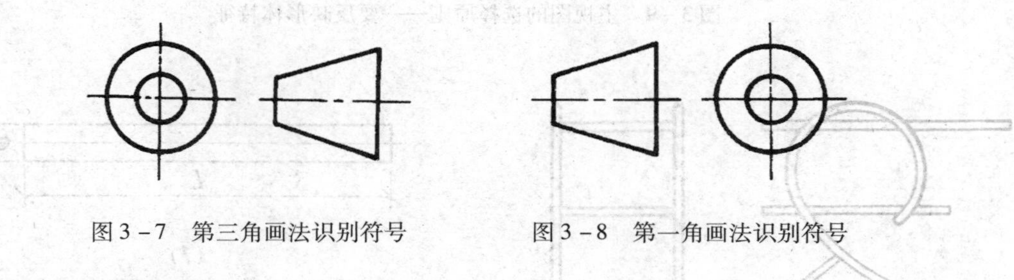

图 3－7　第三角画法识别符号　　　图 3－8　第一角画法识别符号

（三）主视图的选择

国家标准《技术制图》中指出表示物体信息量最多的那个视图应作为主视图。通常是物体的工作位置、加工位置或安装位置。

主视图的选择要考虑最有效地使看图者弄清要表达物体的形状特点，其次还要便于加工，避免为要使加工时图形与工件的方向一致而颠倒图纸看图。

反映形体特征是主视图最主要的选择原则。对物体来说，常常是以“正面”作为主视图投影方向，如建筑物等。但物体多种多样，物体的正面有时不一定能反映该物体的形状特征，这方面的例子很多，如飞机、火车、汽车等运输工具，家具中也有一部分品种，最为突出的就是椅子、茶几之类，如图 3－9 所示椅子，图 3－10 所示茶几，均以其侧面作为主视图。

以椅子为例。椅子最重要的是其功能，而椅子功能在许多方面决定于座面和椅背的倾斜角度和高度等，显然只有侧面才能反映；其次从造型变化上说，也是侧面常常更多地反映椅子的造型特征。

（四）视图数量的确定

要表达一件家具或其中某一部件零件，应该画几个视图合适，这要取决于物体本身的复杂程度，原则是要无遗漏地表达清楚形体的方方面面，其次是要便于看图和简便画图，也就要避免重复表达。从这个原则来说，就是不一定都要画三个视图，而是视复杂程度而定，如图 3－11 中两个零件，依靠一些尺寸标注如直径、厚度、深度，就仅用一个视图清楚地表达了，简单清晰。

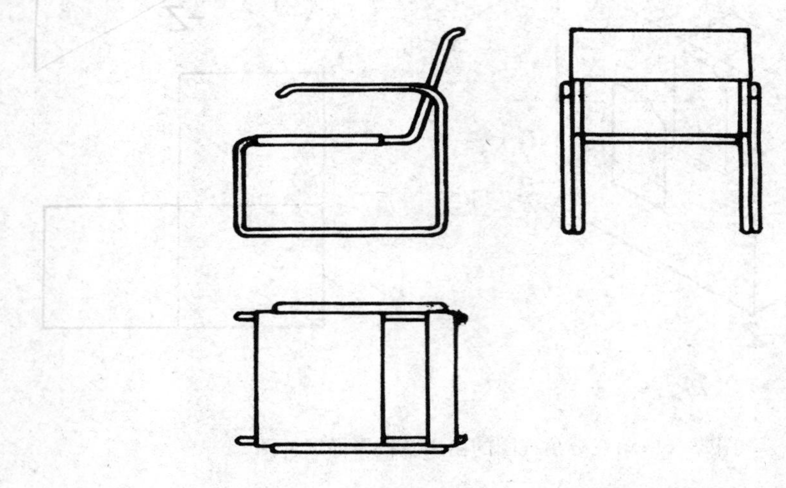

图 3－9　主视图的选择原则——要反映形体特征

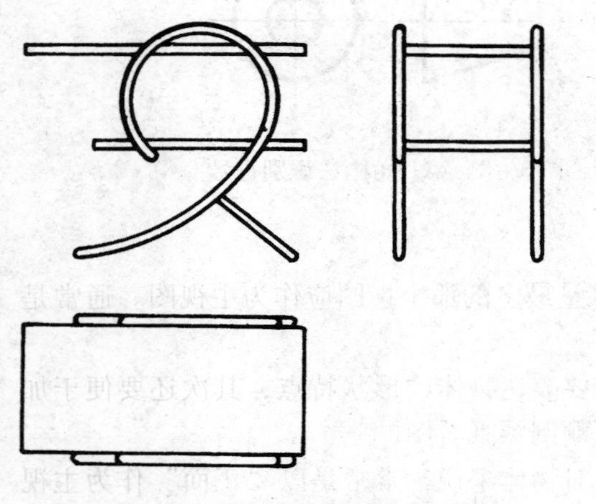

图 3－10　主视图选择原则又一例

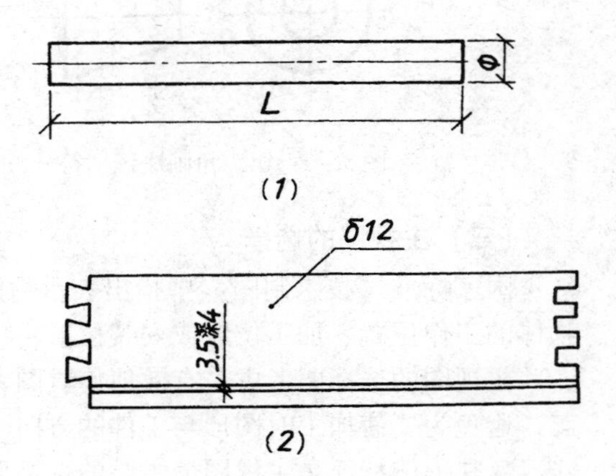

图 3－11　一个视图已可表达清楚的零件

同样，有的家具用三个基本视图表达还不够，例如柜台、讲台等。图 3－12 就举了一讲台为例，讲台的正面和后面就都需要视图来表达。

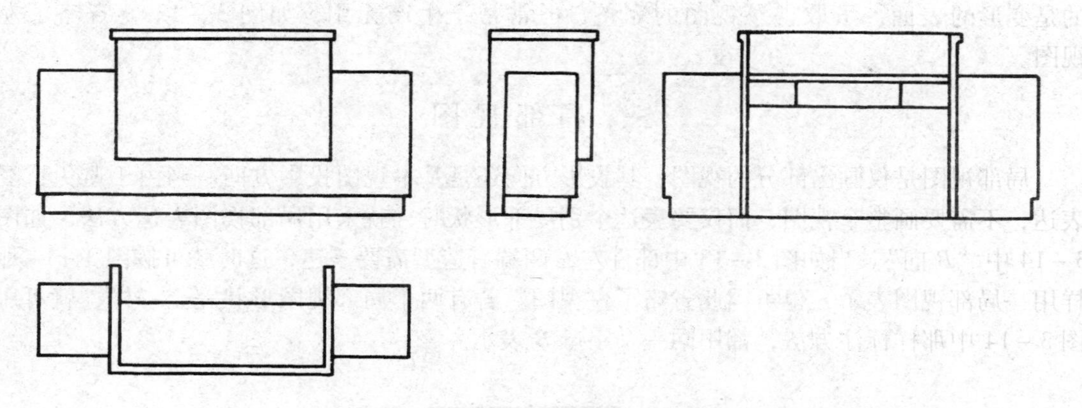

图 3 – 12　要四个基本视图表达的家具

二、斜　视　图

当物体某些部分因倾斜于基本投影面，而用基本视图表达就不能反映其表面实际形状和尺寸，遇到最多的是处于垂直面位置的表面。如图 3 – 13 所示家具上某一搁板，中间一段平面是处于正垂面位置。这时设想用一新投影面平行于要表达的平面，然后进行投影，再旋转投影面使其与正面重合，将新得到的投影图移至适当位置，这个投影图就称为斜视图。它反映了该平面的真实形状，这恰是实际加工时所必需的。斜视图一定要有相应的标注。见图3 – 13 上，用一带字母的箭头表示投影方向，在斜视图上方用同一字母带上一个“向”字表示图名，如“*A* 向”。

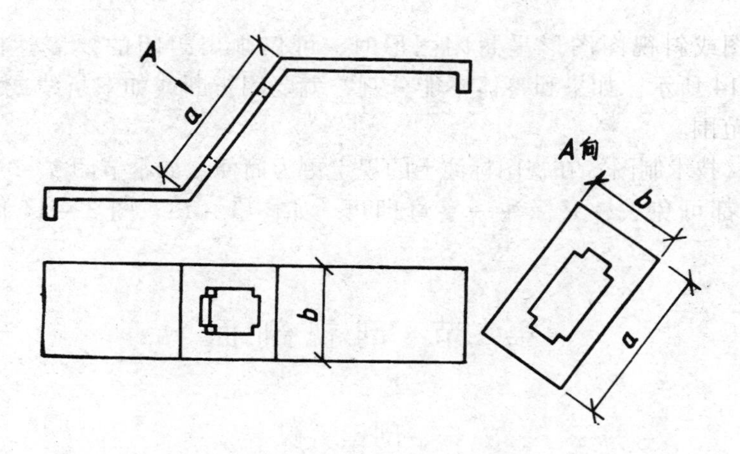

图 3 – 13　斜视图及其尺寸关系

画斜视图时注意它的形状和尺寸。如图 3 – 13 中，主视图中只反映了该平面长向尺寸 a，而另一深向尺寸 b 要从俯视图（或左视图）中量得。该平面中间的孔尺寸也一样（图上未标出）。一般来说，斜视图方向应与原基本视图上要表达的平面积聚性直线方向一致而便于看图。

需要画斜视图以表达某些表面的实际形状时，往往省略一些视图，因为这些视图画出的是变形的表面，虽取得了视图的完整，但常常于生产无用，如图 3 – 13 就省略了左视图。

三、局部视图

局部视图是仅画出部分的视图，其投影方向还是基本视图投影方向。当由于避免重复表达，不需要画整个视图，而仅要表达个别局部形状时，就采用局部视图表达方法，如图 3 – 14 中“*B* 向”。当如图 3 – 13 中部件左右两端有造型需要表达，这时就可按图 3 – 14 那样用一局部视图表示，也可因此省略了左视图。若有两个局部视图形状完全一样，就可用图 3 – 14 中那样标注方法，都用同一个字母 *B* 表示。

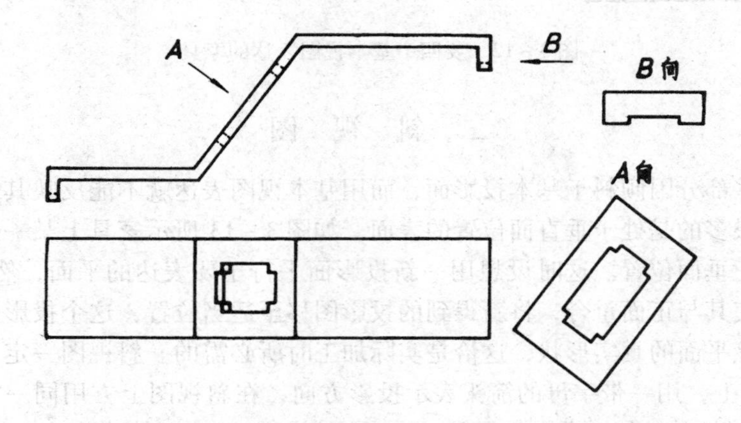

图 3 – 14　斜视图（*A* 向）和局部视图（*B* 向）

当局部视图或斜视图图形呈封闭图形时，可仅画出封闭的要表达的图形，如图 3 – 13和图 3 – 14 所示。如果和整体不能分割，就要用折断线如双折线或波浪线画出表达的局部视图范围。

国家标准《技术制图》在视图标注上的规定更为简便。如本节图 3 – 3 上所有视图名称中“向”字都可免去，只标注一字母即可。如图 3 – 13、图 3 – 14 同样都可省略“向”字。

第二节　剖视剖面

一、剖　　视

为了表达家具内部结构，显示其装配关系，就要采用剖视的画法来表达。所以家具装配图尤其是结构装配图图形表达方法基本上都采用剖视画法。

假想用一平面剖切开所要表达的物体，然后将挡在前面的部分移去，再进行投影，这样获得的图形就是剖视图。它将原来看不到的结构形状变成可以看到。如图 3 – 15 所示为一个抽屉。为表达抽屉各零件的装配关系，主视图和左视图都画成了剖视。从图中可看出，剖到的实体部分画上了木纹，这是剖面符号。后面只要能看到的结构则都要画上。从图中可看出，这里选用的剖切平面是平行面。

为适应不同结构需要，剖视在家具制图中有全剖视、半剖视、阶梯剖视、局部剖视和旋转剖视等。

（一）全剖视

用一个剖切平面将所要表达的物体全部剖切，所画出的剖视图称全剖视图。图 3－15 中的主视图和左视图都属于全剖视图。

在装配图中要注意两零件结合处的正确画法。图 3－15 中，抽屉的屉底板和屉面板是嵌槽结合，当是紧密无缝隙，在图上结合处实线为两零件所共有，不能特别加粗，更不能画成两条线。俯视图也一样，如屉面板和屉旁板、屉旁板和屉后板的结合处都是如此。

剖切平面的选择要注意，一般对称的物体常将对称平面选为剖切平面，或按需要表达的部分选择其位置，最好不要与物体中表面相切。当剖切平面与物体对称面重合时，剖视的标注都可因此省略。剖切平面或作相当距离的移动时，并不影响剖视图形，这时也可省略标注。见图 3－15 中两剖视图均未作任何标注。

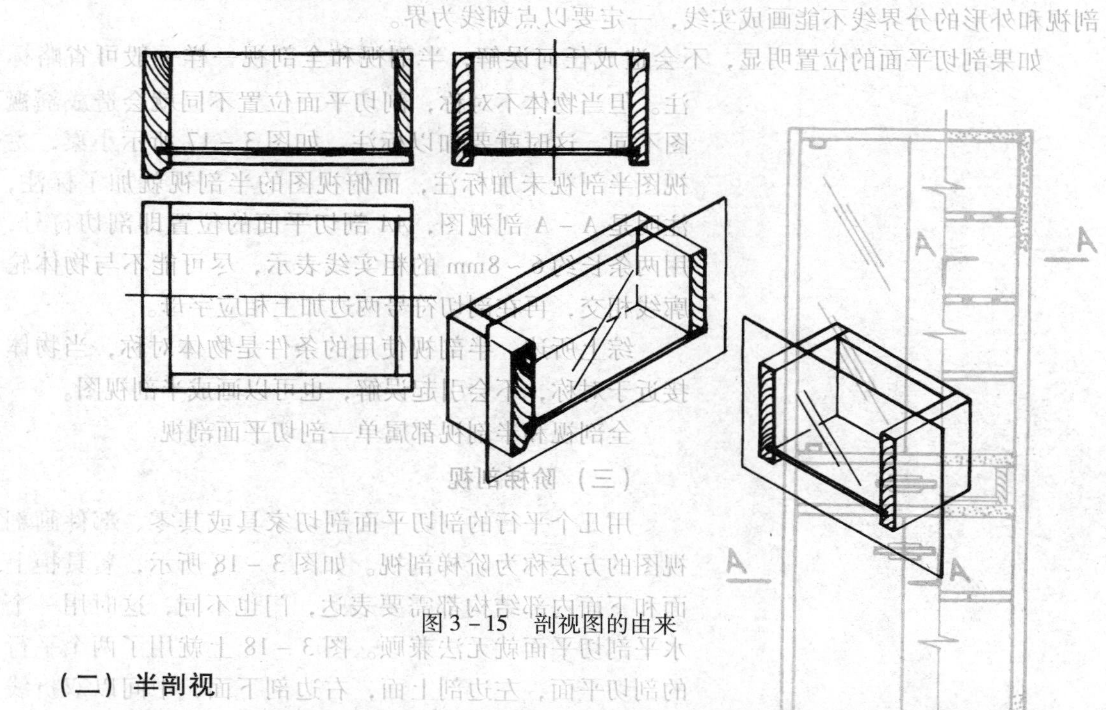

图 3－15　剖视图的由来

（二）半剖视

当家具或其零、部件前面外形也有结构需要表达时，采用全剖视就不能兼顾到前面结构的形状表达。一般情况下就既要画全剖视，又要保留外形视图。如果家具或其零、部件具有对称平面，这时就可一半保留外形画成视图，一半画成剖视。中间以对称中心线点划线为界，这就是常用的半剖视图。如图 3－16 所示，主视图采用全剖视，而左视图采用了半剖视，因为屉面上有拉手，左视图采用了半剖视，既清楚了屉旁板和屉底板的嵌槽结合装配关系，又显示了拉手这方向上的形状。

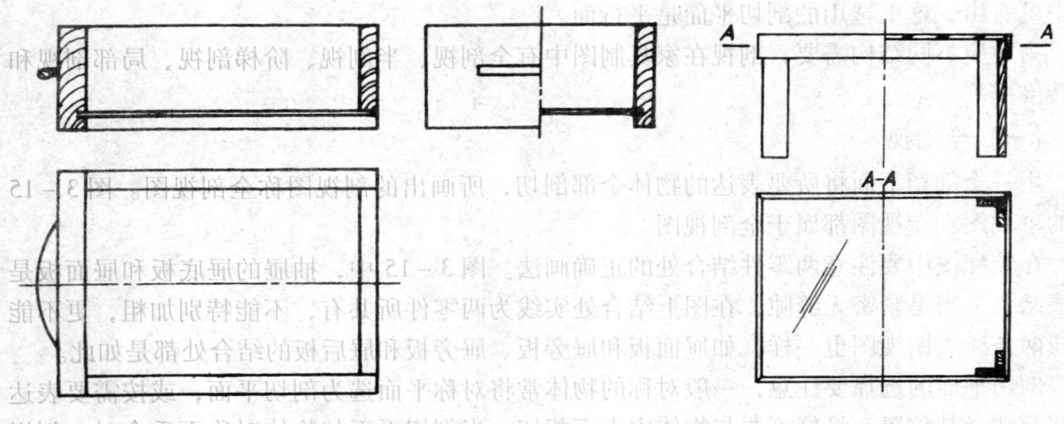

图 3－16　全剖视与半剖视　　　　图 3－17　半剖视标注剖切符号

由于半剖视也是一种标准规定的画法，并不意味着真的切去物体的一半或 1/4，所以剖视和外形的分界线不能画成实线，一定要以点划线为界。

如果剖切平面的位置明显，不会造成任何误解，半剖视和全剖视一样一般可省略标注。但当物体不对称，剖切平面位置不同就会造成剖视图不同，这时就要加以标注。如图 3－17 所示小桌，主视图半剖视未加标注，而俯视图的半剖视就加了标注，注明是 A－A 剖视图，*AA* 剖切平面的位置即剖切符号，用两条长约 6～8mm 的粗实线表示，尽可能不与物体轮廓线相交，再在剖切符号两边加上相应字母。

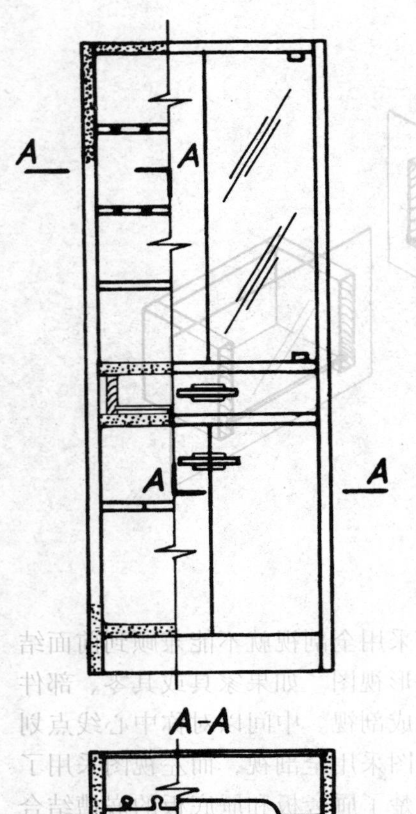

图 3－18　阶梯剖视

综上所述，半剖视使用的条件是物体对称，当物体接近于对称，不会引起误解，也可以画成半剖视图。

全剖视和半剖视都属单一剖切平面剖视。

（三）阶梯剖视

用几个平行的剖切平面剖切家具或其零、部件画剖视图的方法称为阶梯剖视。如图 3－18 所示，餐具柜上面和下面内部结构都需要表达，门也不同，这时用一个水平剖切平面就无法兼顾。图 3－18 上就用了两个平行的剖切平面，左边剖上面，右边剖下面，中间以双折线为界，图3－18中 A－A 图即为阶梯剖视图。

标注方法见图，两个平行剖切平面位置剖切符号都用同一字母 *A*，在转弯处也要画上与之相垂直的粗实线段。

（四）局部剖视

用剖切平面局部地剖开家具或其零、部件所得的剖视图称为局部剖视图，如图 3－19 所示。如作全剖视则外形上结构部分就无法表达，又因抽屉这一方向上不对称，不能用半剖，所以用局部剖视。局部剖视中剖视部分与外形部分以波浪线为界。

再看图 3－18 中的主视图，这也可以算作局部剖视。餐具柜虽然对称，但对称中心线恰与上下门缝重合，而不能画点划线。这时为避免误解，就只能缩小剖切范围用局部剖视，由于图形较大，常用双折线作为分界线。

图 3－20 也是局部剖视常用的一种形式，应用比较灵活，但注意不能在同一视图多处应用，否则会造成支离破碎的感觉。

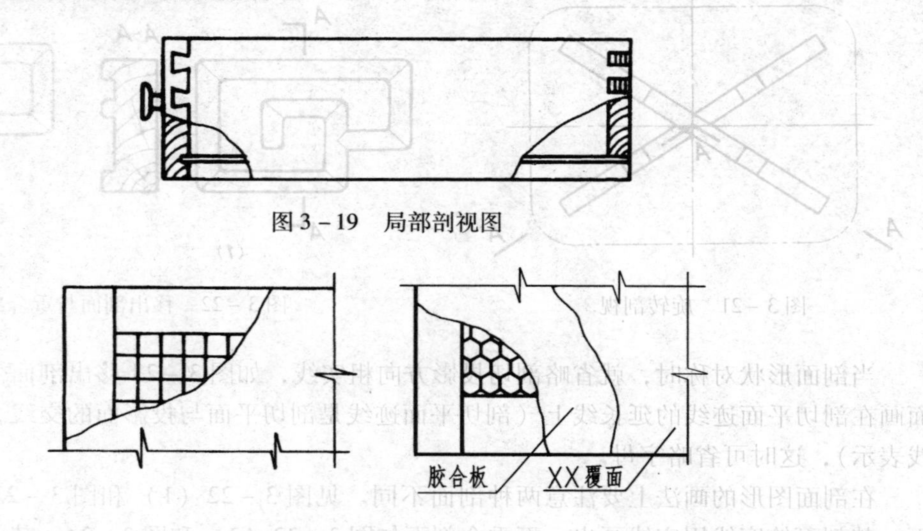

图 3－19　局部剖视图

图 3－20　局部剖视的不同形式

（五）旋转剖视

用两个相交的垂直面作为剖切平面，剖切后得到的剖视图形以两剖切平面的交线为轴，旋转成与投影面平行再投影，这就是旋转剖视。如图 3－21 中的主视图，标注方法要注意两剖切平面相交处也要写字母。

图 3－21 中的俯视图是用一种较特殊的剖视方法得到的。从图可见到其剖切面位置正好处于面板和桌腿连接处，故实际上并未剖切到哪个零件。这种情况相当于将面板拆卸后再投影，用拆卸代替剖切，所以剖视图上也没有画剖面符号。

二、剖　　面

假想用剖切平面将家具的某部分切断，仅画出断面的图形，这称为剖面，如图 3－22（1）中 A－A 图。与剖视不同的是，剖切面后面的结构不作投影不需画出。它的标注方法和剖视基本相同，如图 3－22（1）所示。

剖面分为移出剖面和重合剖面两种。上述图 3－22（1）即为移出剖面，即剖面画在原视图轮廓线外面。若剖面画在轮廓线内时就称为重合剖面，如图 3－22（2）所示。这时标注仅仅画出剖切符号。如果剖面形状不对称还要画上投影方向，也是一段粗实线，长约 4～6mm，与剖切符号线段垂直，见图 3－22（2）。当画移出剖面时，移出剖面处于基本视图规定位置，如图 3－22（1）中剖面画在左视图位置，这时表示投影方向的一段粗实线可省略不画（图中未省）。

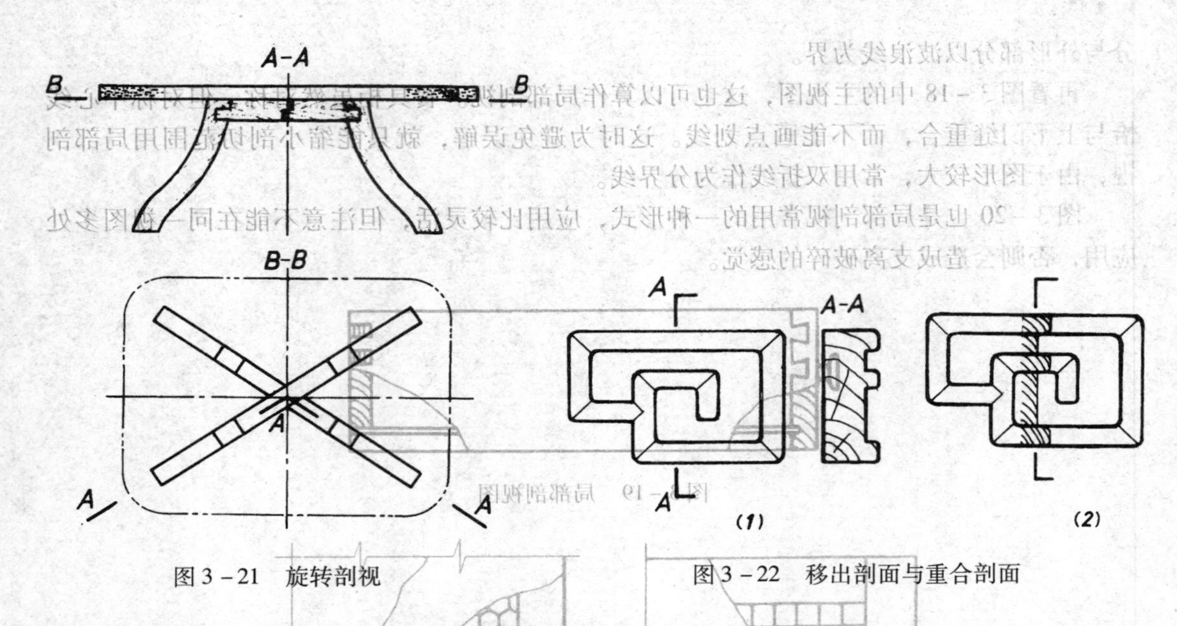

图3－21　旋转剖视　　　　图3－22　移出剖面与重合剖面

当剖面形状对称时，就省略剖切投影方向粗实线，如图3－23移出剖面例子。移出剖面画在剖切平面迹线的延长线上（剖切平面迹线是剖切平面与投影面的交线，这里用点划线表示），这时可省略字母。

在剖面图形的画法上要注意两种剖面不同。见图3－22（1）和图3－23均为移出剖面，其剖面轮廓线用实线画出，而重合剖面如图3－22（2）和图3－24，其剖面轮廓线均用细实线画出。

重合剖面剖面形状不对称时，就一定要画出代表投影方向短粗实线，如图3－24（2）所示，可与3－24（1）作比较。

当剖面对称时，剖面也可画在视图中断处，当然不能因视图画成中断而影响视图的表达，图3－25是一例子。

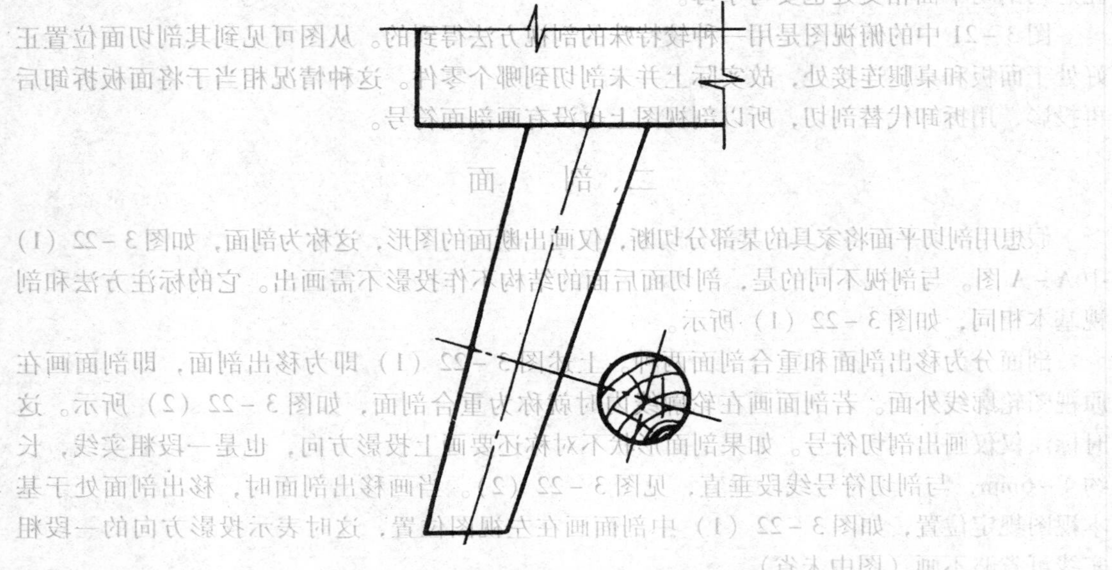

图3－23　移出剖面画在剖切平面迹线延长线上

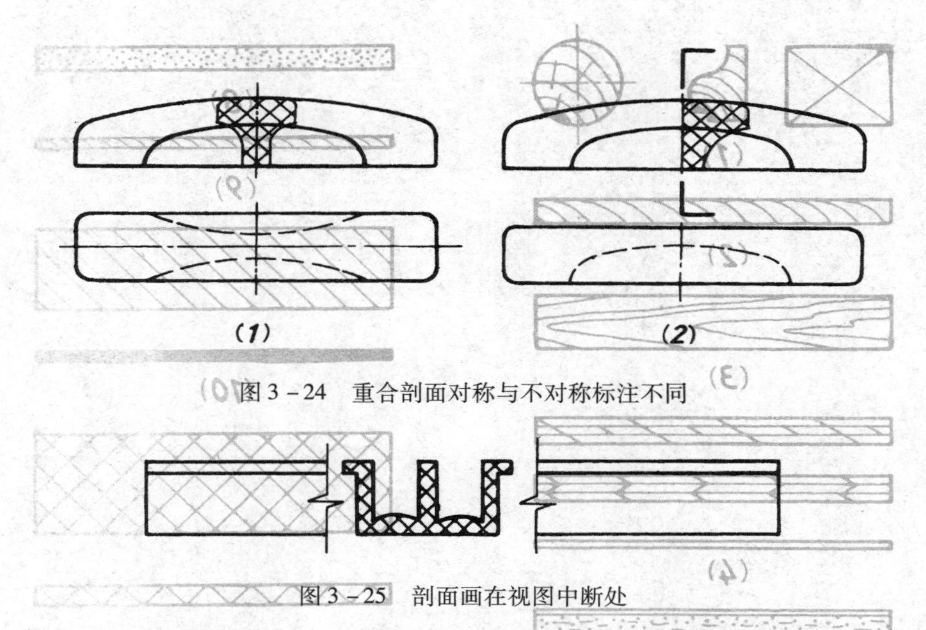

图3－24　重合剖面对称与不对称标注不同

图3－25　剖面画在视图中断处

当用重合剖面来表达雕饰时，一般都只画出雕饰部分的凹凸形状，如图3－22（2）所示。

国家标准《技术制图》中，“剖面”改称“断面”。移出剖面图、重合剖面图分别称为移出断面图和重合断面图，剖视图和断面图可简称为剖视和断面。另外，所有投射方向都要用箭头表示，不是家具制图标准中用粗实线表示。

第三节　剖面符号及局部详图

一、剖面符号

当家具或其零、部件画成剖视或剖面时，假想被剖切到的实体部分，一般应画出剖面符号，以表示已被剖切的部分和零、部件的材料类别。各种材料的剖面符号画法家具制图标准作了详尽规定，要注意的是剖面符号用线（剖面线）均为细实线。图3－26列出了家具常用材料的剖面符号画法。

图3－26中（1）、（2）为木材横断面，（1）为方材，（2）为板材。方材横断面的剖面符号以相交两直线为主，而板材只能用徒手画近似年轮的弯曲细实线。（3）为木材纵断面。当画纵剖剖面符号会影响图形清晰时，允许省略剖面符号。如图3－21中主视图。（4）是人造板中胶合板剖面符号。层数用文字另注，图中不论层数多少都画成三层。两种画法均可。细实线方向为与主要轮廓线成30°倾斜。当在图形中因厚度很小无法再画出两条细实线时可允许省略剖面符号。（5）是覆面刨花板。（6）是细木工板横断面。（7）是细木工板纵断面。当在基本视图上，覆面刨花板、细木工板、空芯板等有覆面的部分均不需单独画出，如（6）、（7）中下面一个图。（8）是纤维板。（9）是薄木。（10）是金属，为与轮廓线成45°的细实线。当在图上很薄时，如厚度在图形中等于或小于2mm时，则剖面涂黑表示。（11）是塑料、有机玻璃等，是45°倾斜的小方格。（12）是软质填充料，画法是45°倾斜方格中加一小黑点，方格一般比（11）略大。（13）是砖石料。

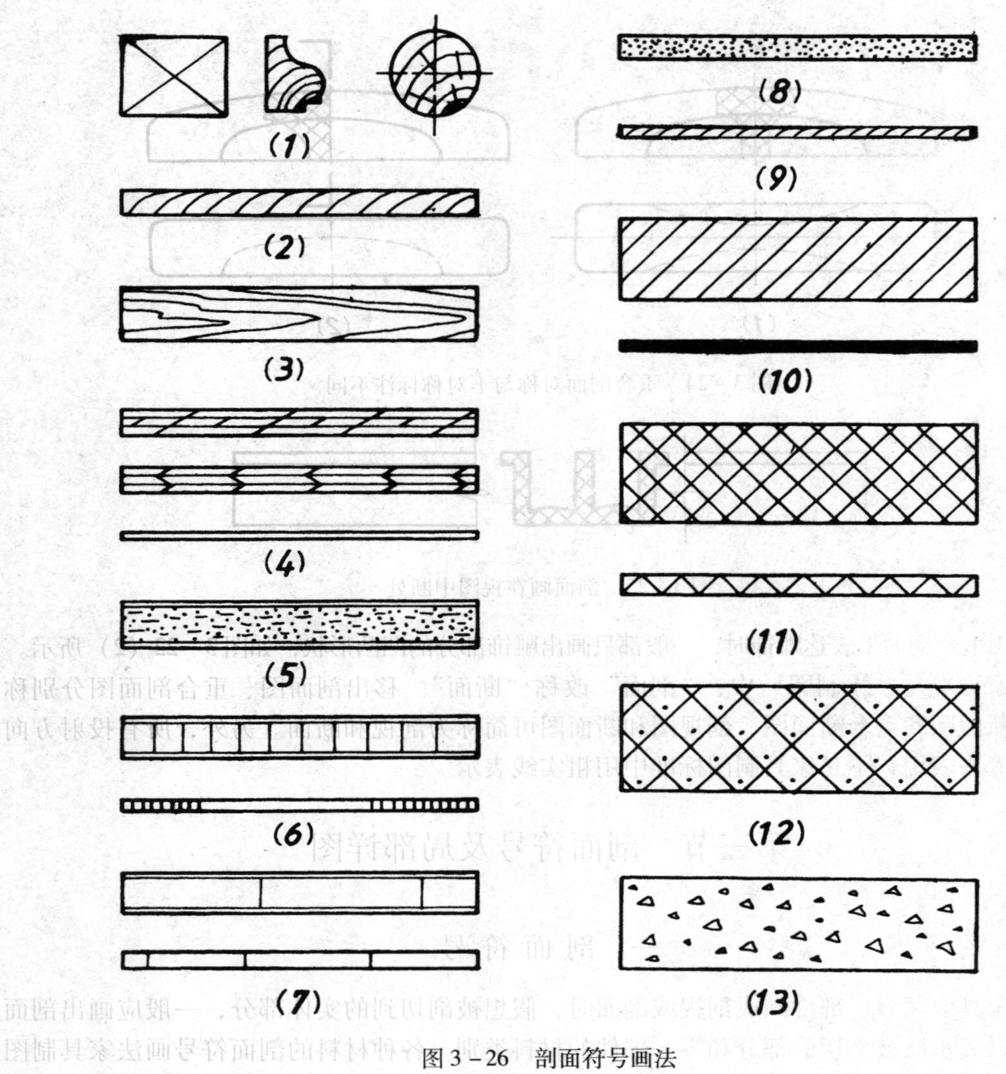

图 3－26　剖面符号画法

家具中有些材料如玻璃、镜子和网纱等一般未被剖切（外形）也画上符号，这就是图例。如图 3－27 所示右边图形。（1）为玻璃，为与轮廓线成 30°或 60°的三条细实线一组组成。（2）为镜子，是垂直于主要轮廓线的两条细实线一组组成。（3）是网纱，为两组小方格。图 3－27 右边则是它们的剖面符号，其中网纱有两种画法，均可选用。（4）是空芯板，右边下面是在基本视图上的画法。

在用剖面符号不能完全表达清楚材料具体名称时，往往要附以文字说明。如软质材料中布、泡沫塑料等，可见图 3－28 画法。注意用细实线作为引出线引出分格标注材料名称，要按次序一一列出，一般由上到下、由左到右，必要时还写出厚度，厚度常用小写希腊字母“δ”作为代号。

当要画剖面符号的图形面积较大或较长时，为节省画图时间与使图形清晰，可以在两端只画出部分剖面符号以简化图形，如图 3－29 所示，前面网纱（图 3－27）也是一例。

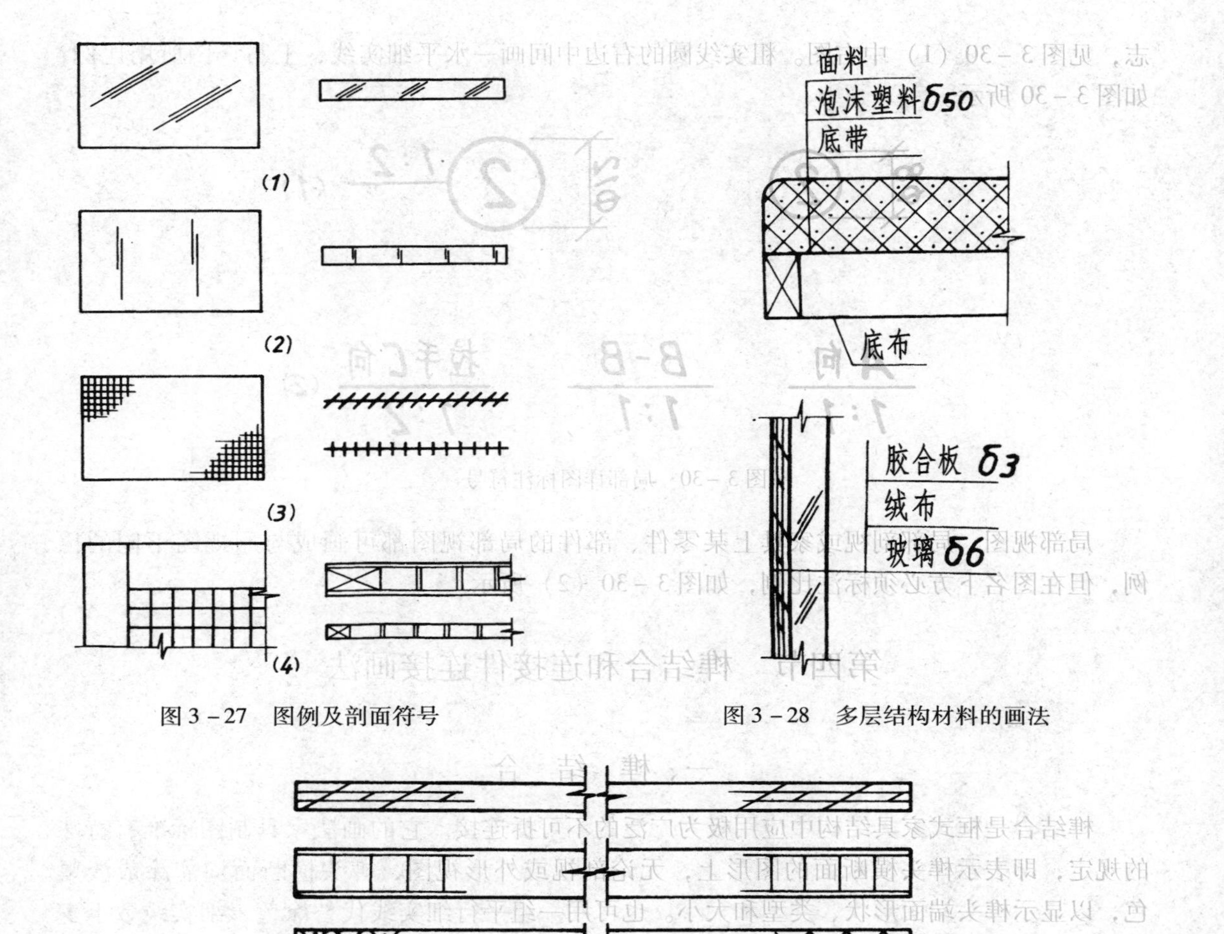

图 3－27　图例及剖面符号　　图 3－28　多层结构材料的画法

图 3－29　剖面符号的简化画法

二、局部详图

将家具或其零、部件的部分结构，用大于基本视图或原图形的画图比例画出的图形称为局部详图。图例可见下一章图 4－5。

局部详图是表达家具结构最常用的方法，解决了因基本视图用缩小比例致使图形局部更小而无法使各局部结构表达清楚的问题。局部详图可画成剖视、视图、剖面各种形式，以画成剖视最多，它与被放大部分的表达方式无关。局部详图安排的位置要便于看图，一是局部详图尽可能靠近被放大的图形处，二是有投影联系、结构联系的尽可能画在一起。总之便于与原图形联系。

局部详图必须加以标注。方法是在视图中被放大部位的附近，应画出直径 8mm 的实线圆圈作为局部详图索引标志，圈中写上数字，如图 3－30（1）中左图。同时在相应的局部详图附近则画上直径 12mm 的粗实线圆圈，圈中写上同样的数字作为局部详图的标志，见图3－30（1）中右图。粗实线圆的右边中间画一水平细实线，上写详图所用比例，如图3－30所示。

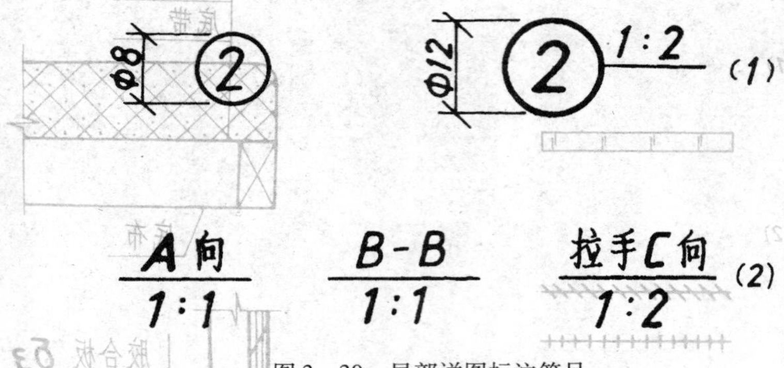

图3－30　局部详图标注符号

局部视图、局部剖视或家具上某零件、部件的局部视图都可画成与原视图不同的比例，但在图名下方必须标注比例，如图3－30（2）所示。

第四节　榫结合和连接件连接画法

一、榫　结　合

榫结合是框式家具结构中应用极为广泛的不可拆连接。它的画法家具制图标准有特殊的规定，即表示榫头横断面的图形上，无论剖视或外形视图，榫头横断面均需涂成淡黑色，以显示榫头端面形状、类型和大小。也可用一组平行细实线代替涂色，细实线数不少于三条。如图3－31中A－A所示。细实线应画成平行于长边的长线。

要画出榫结合时，木材剖面符号尽可能用相交细实线，不用纹理表示，以保持图形清晰。

当用可拆连接如木销定位时，要注意与圆榫的区别，如图3－32所示。木销画木材横

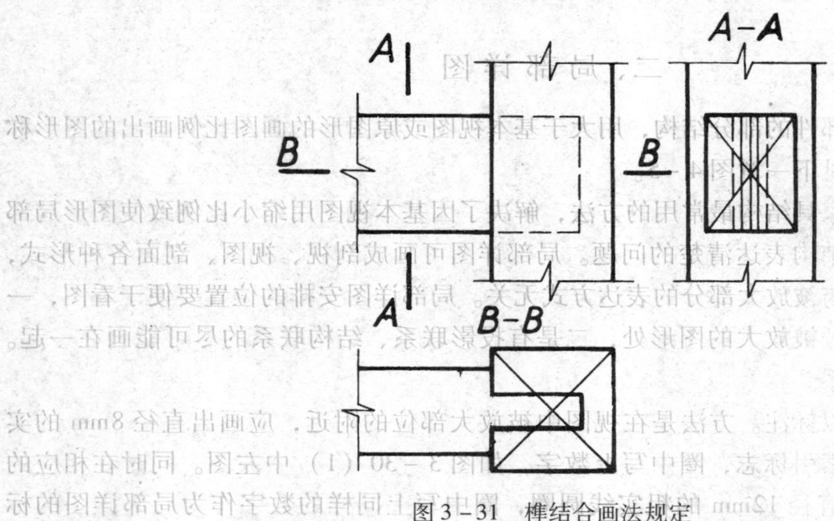

图3－31　榫结合画法规定

断面剖面符号，垂直相交两细实线与零件主要轮廓线成45°倾斜。而圆榫则按上述榫结合画法画三条以上平行细实线或涂成淡黑色。

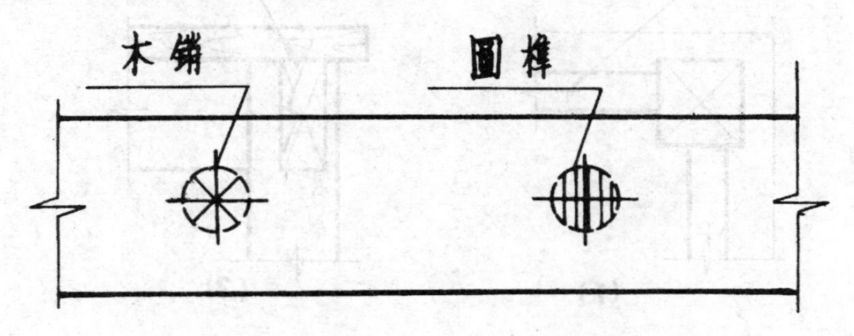

图3－32　木销与圆榫的不同画法

二、家具常用连接件连接的规定画法

家具上一些常用连接件如木螺钉、圆钢钉、镀锌螺栓等，家具制图标准都规定了特有的画法。在局部详图中，它们的画法如图3－33所示。图中（1）是螺栓连接，中间粗虚线表示螺杆，其中与之相垂直的不出头粗短线为螺栓头，粗虚线另一头的两条粗短线，长的为垫圈，短的为螺母。不同方向的另一视图见图3－33（1）左、右两图。图3－33（2）是圆钢钉连接，见钉头的视图是一细实线，十字中有一小黑点，反方向则只画细实线十字以定位。全剖的主视图上表示钉头的粗短线画在木材零件轮廓线内部。（3）是木螺钉连接画法，用45°粗实线三角形表示沉头木螺钉的钉头，见钉头的左视图为一粗实线十字，相反方向视图是45°相交两短粗实线。为不致误解及定位需要，常还画出细实线十字。

在基本视图上如果要表示这些连接件位置或数量时，则可以一律用细实线十字和细实线（另一视图上）表示，必要时再用引出线加文字注明连接件数量名称，如图3－34（1）、（2）所示。

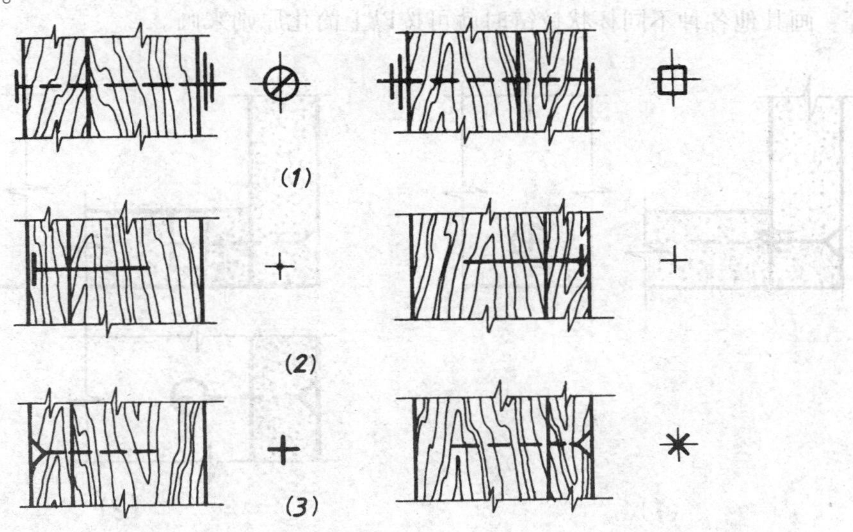

图3－33　常用连接件连接画法

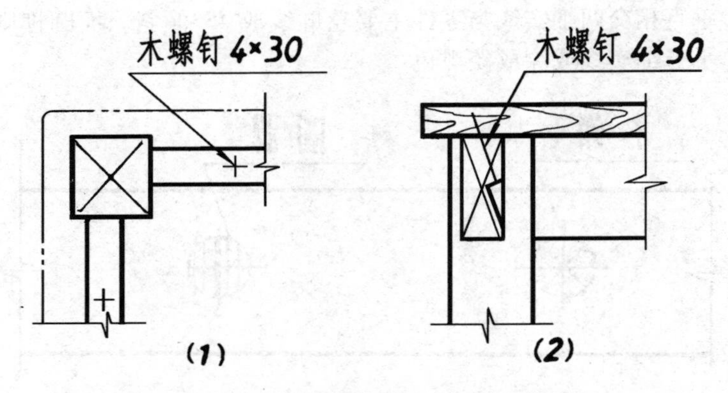

图3－34　常用连接件在基本视图上的画法

三、家具专用连接件连接的规定画法

家具专用连接件近年来发展迅速，随着板式家具可拆连接和自装配式家具兴起，为家具专用的连接件越来越多。这里介绍的几种可拆连接件画法只是家具制图标准中已作出规定画法的少数几种，对于新出现的连接件，其画法可以参照标准已有画法的精神简化画出，再附以必要文字注明。

几种专用连接件连接的画法见图3－35。其中（1）是空芯螺钉连接，（2）为圆柱螺母连接件连接，（3）为螺栓偏心连接件连接，（4）是凸轮柱连接件连接。这些都是在局部详图中的简化画法。基本视图上画法可参照常用连接件画法规定，即细实线十字再加上引出线文字注明。

对于杯状暗铰链可按图3－36（1）、（2）画法。这里列出了两种，从图中可以看到是外形简化，固定或调节用的螺钉位置要画出。图3－36中右边较小的是在基本视图上的画法。可见到更为简化仅是示意的图，要说明是哪一种，则要用引出线加上文字注明型号规格等。画其他各种不同杯状铰链时就可按以上简化原则来画。

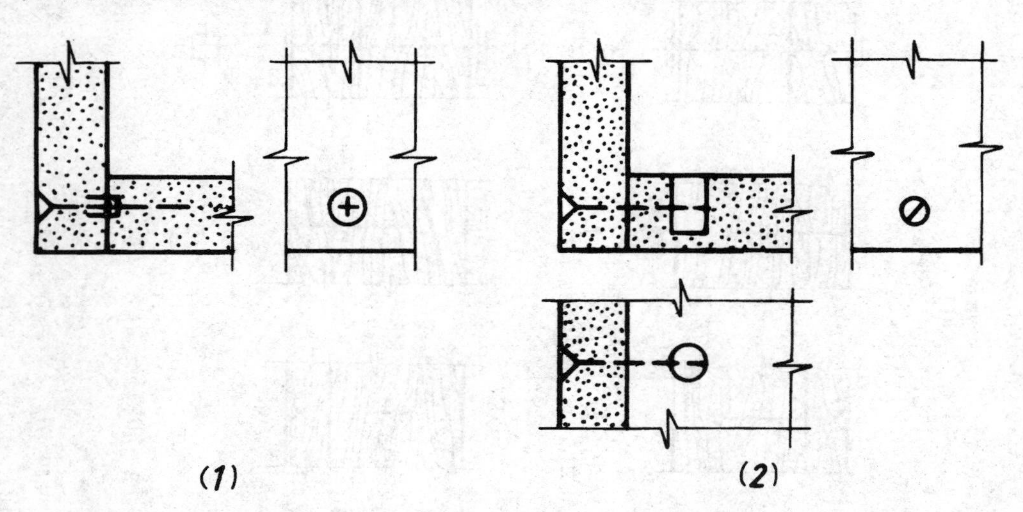

图3－35　几种家具专用连接件连接的画法

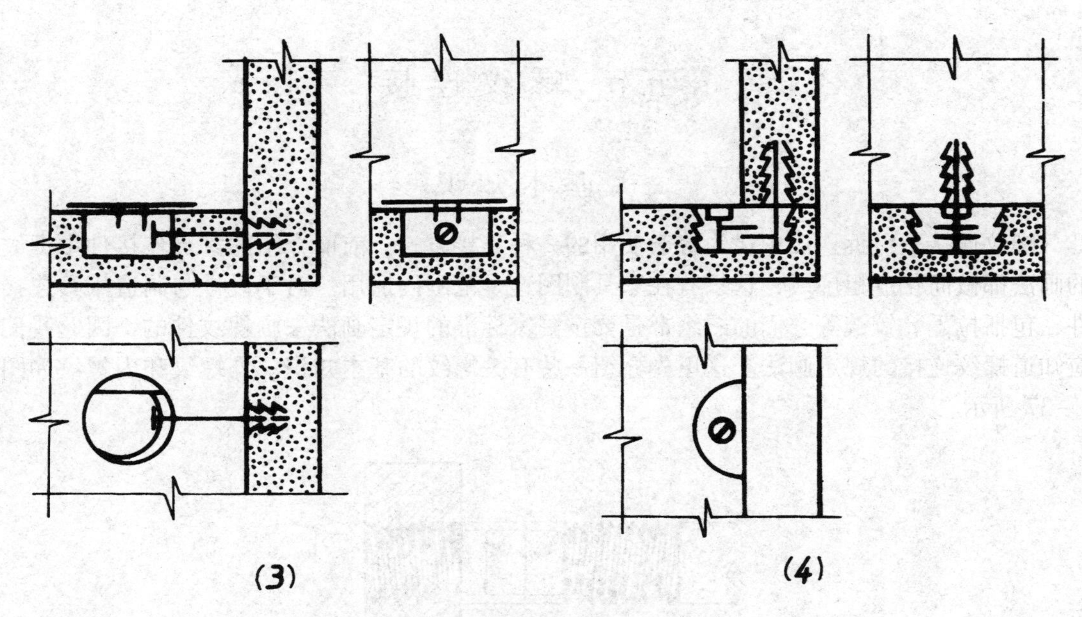

图 3－35　几种家具专用连接件连接的画法（续）

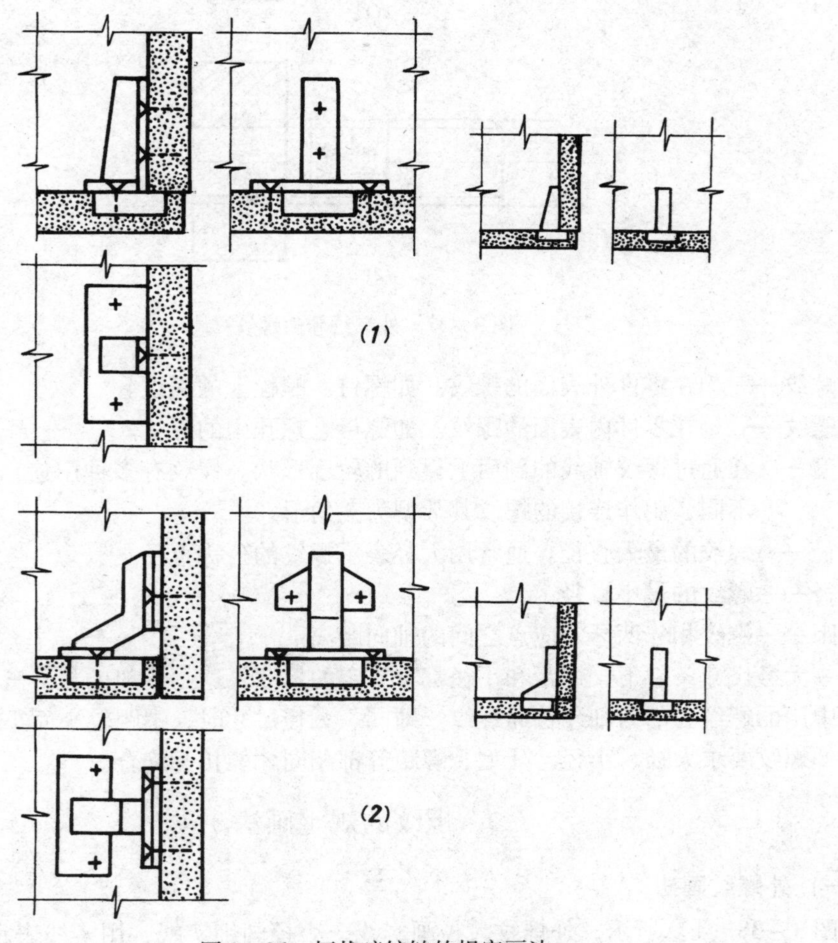

图 3－36　杯状暗铰链的规定画法

第五节　螺纹连接

一、基本知识

螺纹连接是可拆连接中最为普遍使用的一种连接方式。前面介绍的家具连接件中螺纹的画法都被简化成粗虚线，这只有在家具制图这一范围内适用。对于设计与制造家具连接件，包括拉手、铰链等它们的图纸都是要按国家标准的规定画法来画螺纹件的，因此我们应知道螺纹连接的规定画法。这里先介绍一些有关螺纹的基本知识。外螺纹和内螺纹如图3－37所示。

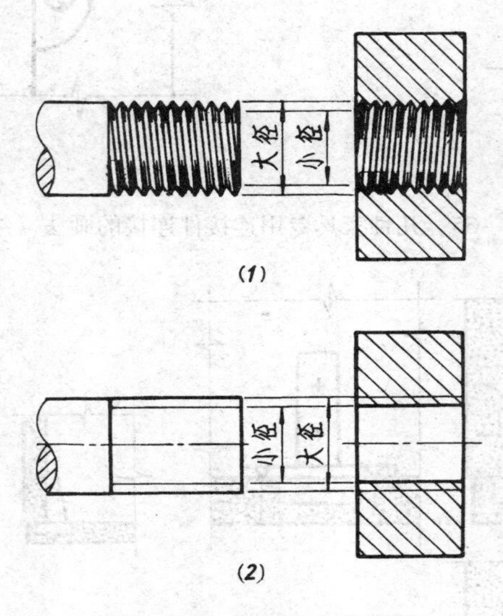

图3－37　外螺纹和内螺纹

外螺纹——刻在零件外表面的螺纹。如螺钉、螺栓上的螺纹。

内螺纹——刻在零件内表面的螺纹。如螺母、螺孔中的螺纹。

牙型——在通过螺纹轴线的剖面上得到的轮廓形状。螺纹有多种用途，由此其牙型也不同，用作连接的螺纹其牙型为三角形。

大径——螺纹的最大直径。通常用大径表示螺纹的公称直径。

小径——螺纹的最小直径。

螺距——螺纹相邻两牙对应点之间的轴向距离。

同一大径尺寸条件下，螺距和小径都有一定的尺寸，这是一般的粗牙普通螺纹。家具连接件中用的螺纹有的为细牙普通螺纹，即同一大径尺寸时，螺距较小而小径较大。

内外螺纹要求大径、小径、牙型、螺距等都相同才能相互旋合。

二、螺纹的规定画法

（一）外螺纹画法

如图3－38（1）所示，外螺纹大径画实线，小径画细实线，用实线表示螺纹终止线。

在表现为圆的视图上，大径画实线圆，小径画约 3/4 的细实线圆。外螺纹一般都画成外形视图，包括全剖视时。但若中间是空的如管螺纹等才画成剖视状。

小径的尺寸是由大径尺寸决定的，前已说过粗牙细牙不同。但一般画图时，常常将实线和细实线之间的距离画成 1mm 左右，以简化作图。

（二）内螺纹画法

画内螺纹一般都取剖视状，这时大径画细实线，小径画实线。注意剖面符号要画到实线，不要留空。另一视图上小径为实线圆，大径为约 3/4 左右的细实线圆弧。如图 3 – 38（2）所示。

图 3 – 38（3）是不通孔时的内螺纹画法。一般先用钻头钻一光孔，其端部由于刀具钻头的原因必然呈圆锥状，画图时为简化作图一律画成 120°角。锥状部分不计入光孔深度尺寸。螺纹终止线同样用实线表示。

螺纹的尺寸标注包括许多内容。这里仅写出前面两项。图 3 – 38 中，M6 中的 M 是指粗牙普通螺纹，牙型为三角形的连接螺纹。6 是大径的公称直径。家具连接件中有些螺纹用的是细牙螺纹，则要在 M6 后还要写上具体的螺距大小，如 M6 × 0. 75，0. 75 就是细牙螺纹的螺距。

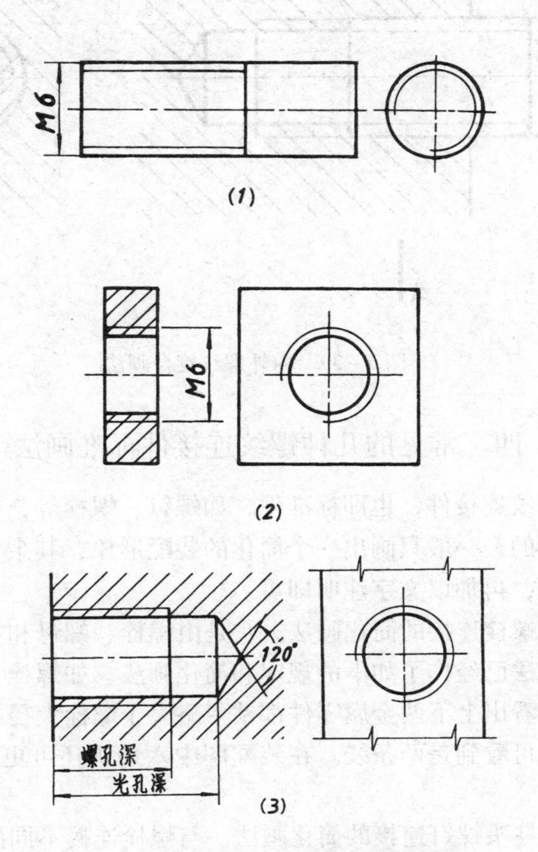

图 3 – 38　外螺纹和内螺纹的画法

三、内外螺纹旋合的画法

图3－39所示是内外螺纹旋合时的画法。主视图为全剖视图。可见内外螺纹旋合部分仍按外螺纹画法画。注意到虽是全剖视，外螺纹按规定仍以外形视图形式画出。主视图上内外螺纹大径粗细不同，但因尺寸一致所以处在同一条直线上，小径也一样。另外，剖面线都应画到实线。其次看左视图，现在画的是内外螺纹旋合部分的A－A剖视。可见也是按外螺纹画，大径画实线圆，小径画约3/4左右细实线圆圈，但注意这个视图上外螺纹杆件要画剖面线，且剖面线方向要与内螺纹所在零件的剖面线方向不同，以示区别为两个零件。而同一带螺纹孔的零件的剖面线方向与间距，无论画几个剖视图都要注意完全一致。

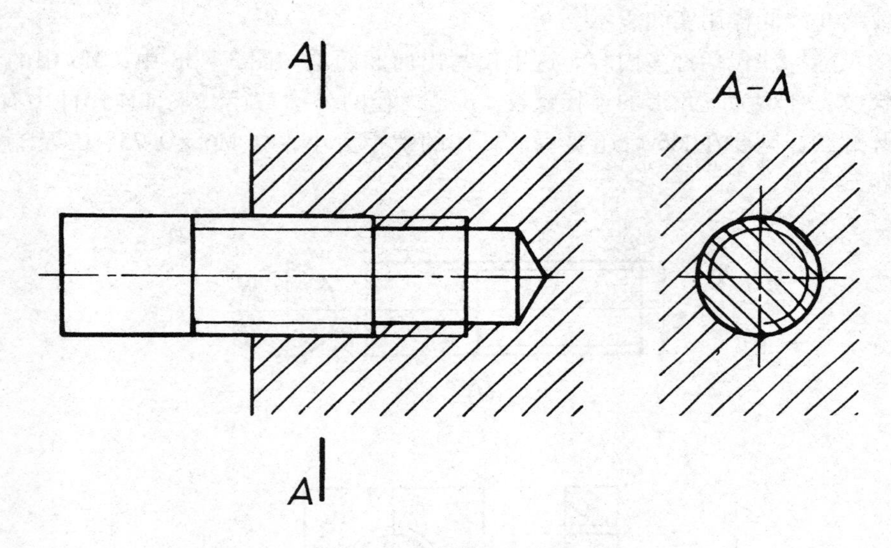

图3－39　内外螺纹旋合画法

四、常见的几种螺纹连接件标准画法

常见的几种金属螺纹连接件，也即标准件，如螺钉、螺栓等，在基本视图上如有相同的，特别是有规律分布的，一般只画出一个简化的装配形象，其余常不画出，而是以点划线和细实线标出其位置，再加以文字注明即可。

图3－40是六角头螺栓连接的简化画法。它是由螺栓、螺母和垫圈构成。图3－40是全剖视图。可见标准画法已经作了如下的规定和简化画法，如螺栓、螺母和垫圈均按外形简化画出。从图上还可看出上下两金属零件都钻了略大于螺栓大径的光孔，即零件不和螺栓作螺纹连接，从图上可看到是两条线。在装配图中六角头还可更简化画出，如图3－41所示。

图3－42是开槽圆柱头螺钉连接的简化画法。与螺栓连接不同的是上面一金属板开的是光孔，螺钉是与下面金属件作螺纹连接，下面金属件的螺孔开出前要先钻出光孔，孔端由于刀具的原因形成一锥形坑，画图时要注意它的大小与形状。再看俯视图上螺钉头槽的画法，规定画法是画成45°倾斜，与主视图上槽口不成投影关系。

在家具制造中常见的螺栓连接和螺钉连接若按投影简化画出，如图 3 – 43（1）和图 3 – 44（1）所示。注意的是用螺栓连接的两零件都是打的略大于螺栓大径的光孔与螺栓是不作螺纹连接的，见图 3 – 43（1）主视图上表现为两条实线。而木螺钉连接家具中常见的是连接金属薄板和木材，这时金属薄板钻出略大于螺钉大径的光孔，而木材当然不用事先钻螺纹孔，即连接时直接旋入旋紧，见图 3 – 44（1）主视图。从图 3 – 43（1）和图 3 – 44（1）看出，按实际投影画当然比较形象，但其各部分尺寸需按实际尺寸画即使简化了还是比较烦琐，且对家具制造并无必要。家具制图标准中就规定了示意画法以提高制图效率。在基本视图中即使画出也比较清晰，如图 3 – 43（2）和图 3 – 44（2）所示，用粗实线和粗虚线画出。螺纹件的具体规格则用符号文字注明即可。读者可从图 3 – 43 和图 3 – 44 中（1）和（2）作比较。无论是一字槽或十字槽螺钉，其画法相同。

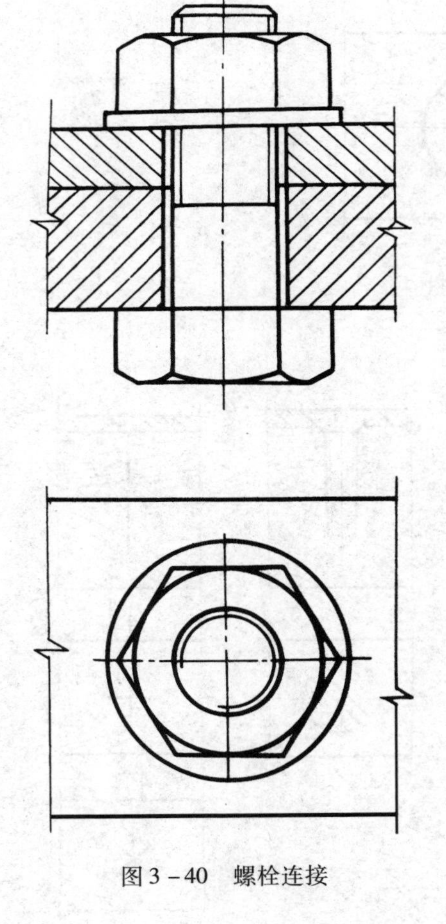

图 3 – 40　螺栓连接

图 3 – 41　装配图上螺栓连接简化画法

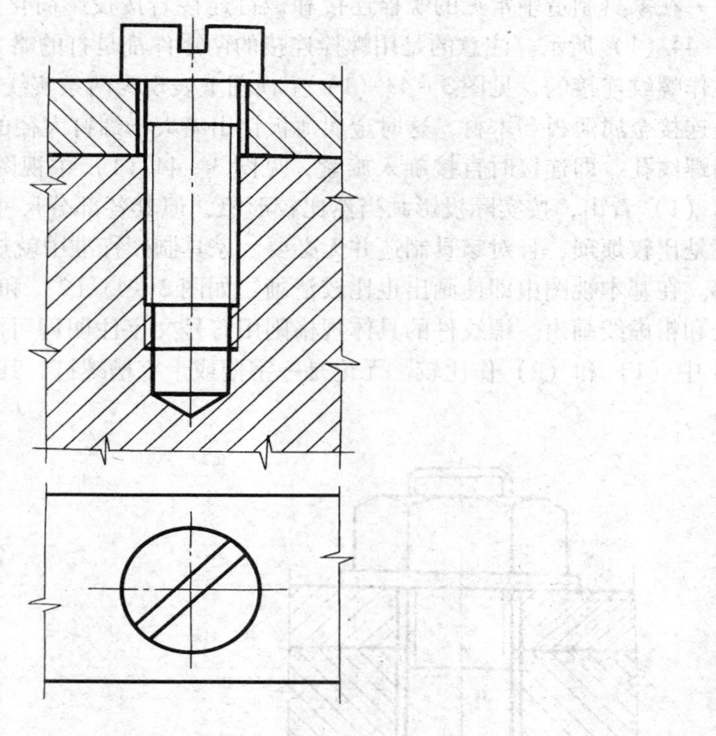

图 3－42　螺钉连接

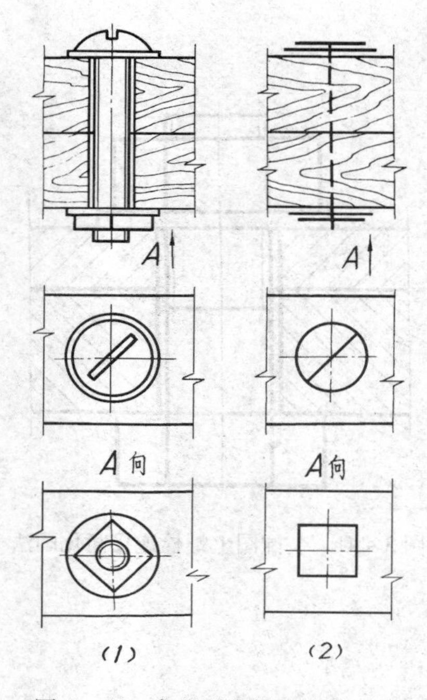

图 3－43　家具图中螺栓连接画法

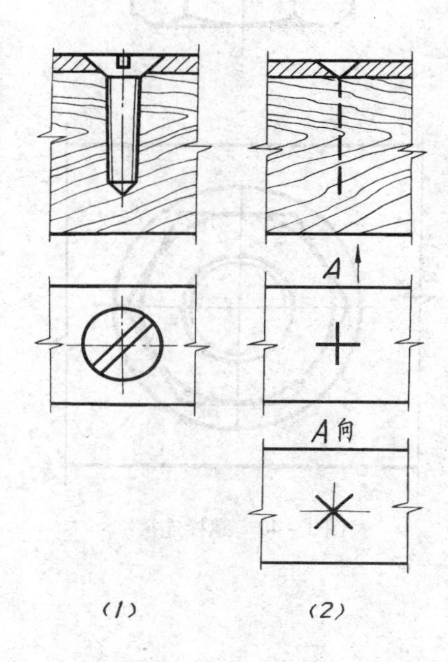

图 3－44　木螺钉连接画法

第四章　家 具 图 样

现代家具从设计、生产到验收甚至销售各个阶段都需要有相应的图。图样起着传递信息的重要作用。各种图样应有哪些内容，怎样画，应根据图样在设计生产过程中各阶段的实际需要，生产过程生产方式不同所需图样也不尽相同。本章从一般原则上介绍家具从设计到生产的几种常见图样。既然图样常是指导生产、检验质量和核算成本等的重要依据，因此图样上除了图形之外，还一定包括其他重要内容，如尺寸、涂饰、精度等级等技术要求，这里主要从图形来分析各种图样的特点。

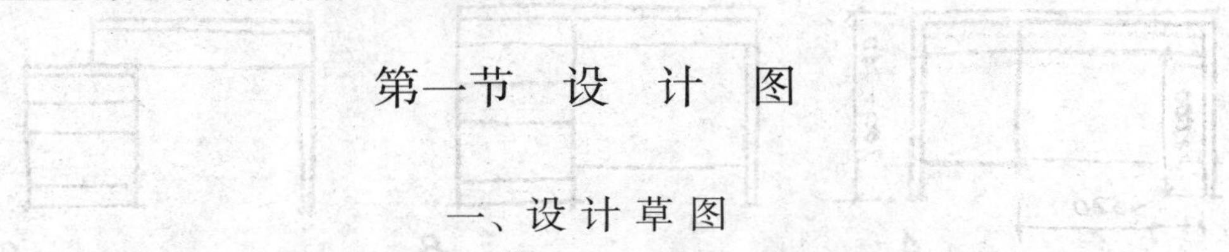

第一节　设　计　图

一、设 计 草 图

设计人员设计新家具时常要考虑许多因素，比如市场需求，使用者的要求、环境、居室的功能、尺寸，作必要的调查研究和查找相关资料等。因此在构思新家具时往往先随手勾画草图。草图是一种草稿性质的简图，设计人员要求能尽快地将思维中想象的家具形象画到纸面上去，所以常就用一支笔，不用工具或用简单工具随手画出，这种不以尺寸比例随手勾画的家具形象图形可以称作设计草图。设计草图的形式由设计者习惯不同而不同，也随需要而异。一般来说，常从整个室内环境立体效果和功能需要出发，先由室内透视效果图、室内设计平面图再画其中的家具透视图和视图。当室内面积和布局

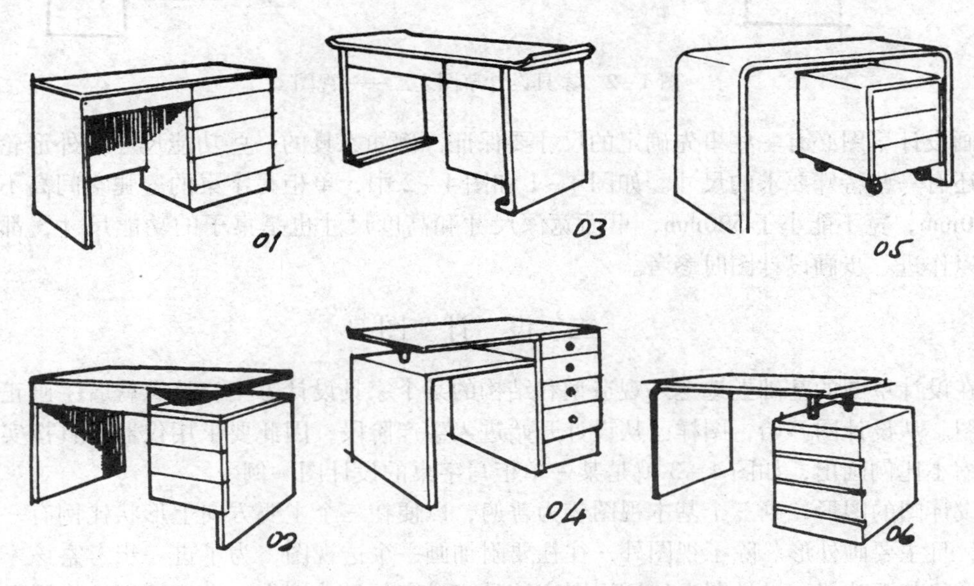

图 4－1　家具设计草图之一——透视图

等情况不确定时，只能依当时一般资料来设计较通用的家具，市场上的成套家具一般都是这样设计的。无论是根据具体的居室场所还是一般通用的市场商品家具，无论造型各异，都要注意家具功能尺寸，相当部分的家具其功能尺寸国家标准都已有明确规定，设计时不要忽略。

图 4－1，图 4－2 都是某单柜写字桌的设计草图一种画法。图 4－1 画的是透视草图，图 4－2 画的是视图，往往是一主视图。透视注重立体三维形象，而视图可研究大致尺寸、比例、正面分割等，各有专用。所以设计草图常常既画透视也画视图，而且必要时还要画出一些细部结构，表达设计者在这方面的设计意图。但无论哪种画法，都要有相当数量，以便比较和选择，才能最后确定比较满意的方案而进行重点的进一步研究。

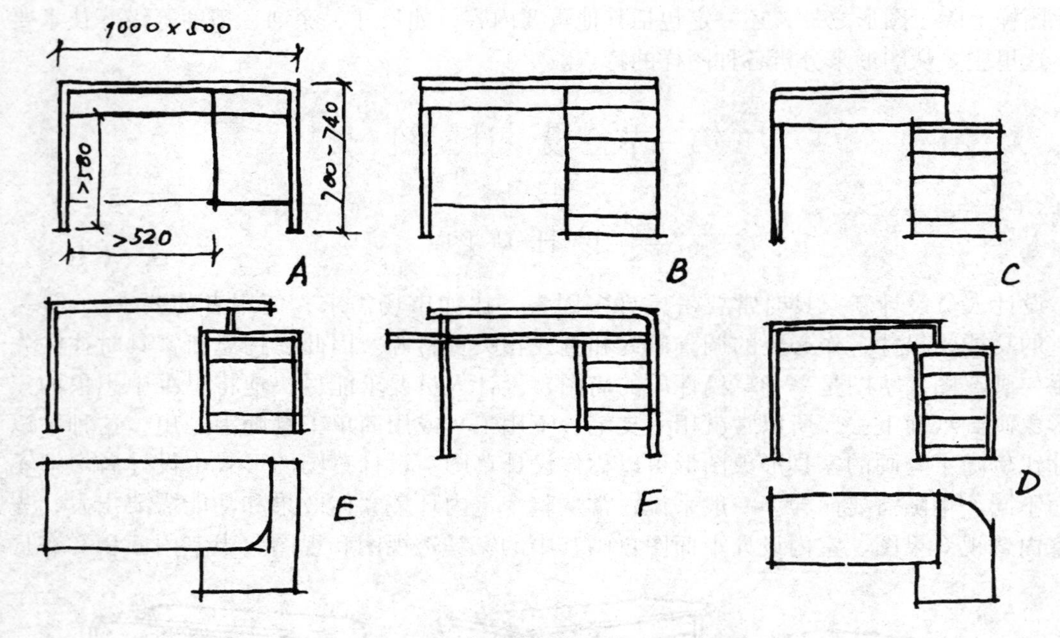

图 4－2　家具设计草图之二——视图

画设计草图必有一些事先确定的尺寸要保证，例如家具的一些功能尺寸、外形轮廓尺寸或还有一些特殊要求的尺寸。如图 4－1 和图 4－2 中，单柜写字桌的容腿空间高不能低于 580mm，宽不能小于 520mm，桌面宽深尺寸和高度尺寸也是桌子的功能尺寸，都要标出，以作进一步画设计图时参考。

二、设　计　图

在设计草图的基础上选定外观造型和结构的某个家具设计方案，接着就着手画正式的设计图。从设计图开始，图样已从设计开始进入生产阶段，因此要求用仪器工具按实际尺寸取缩小比例画出，如图 4－3 就是某一单柜写字桌的设计图一例。

设计图的图形，画三个基本视图较为普遍，以便在三个主要方向上形状比例有一直观感受，且主要画外形。除了视图外，往往要附加画一个透视图，为了进一步考察该家具的外观形象甚至功能。设计图上的透视图应该是家具实际尺寸缩小一定比例后按投影原理正确画出的。如果另有单独的透视效果图，设计图上也可省略透视图。

设计图上的尺寸主要有家具外形轮廓尺寸，一般称为总体尺寸或规格尺寸，如总宽、深和高。其次就是功能尺寸，对写字桌来说，总体尺寸宽、深、高同时也是功能尺寸，还有就是桌下容腿空间的高、深、宽尺寸。最后还要注上某些主要尺寸，这些尺寸影响到功能或造型，如抽屉和门的大小尺寸等。

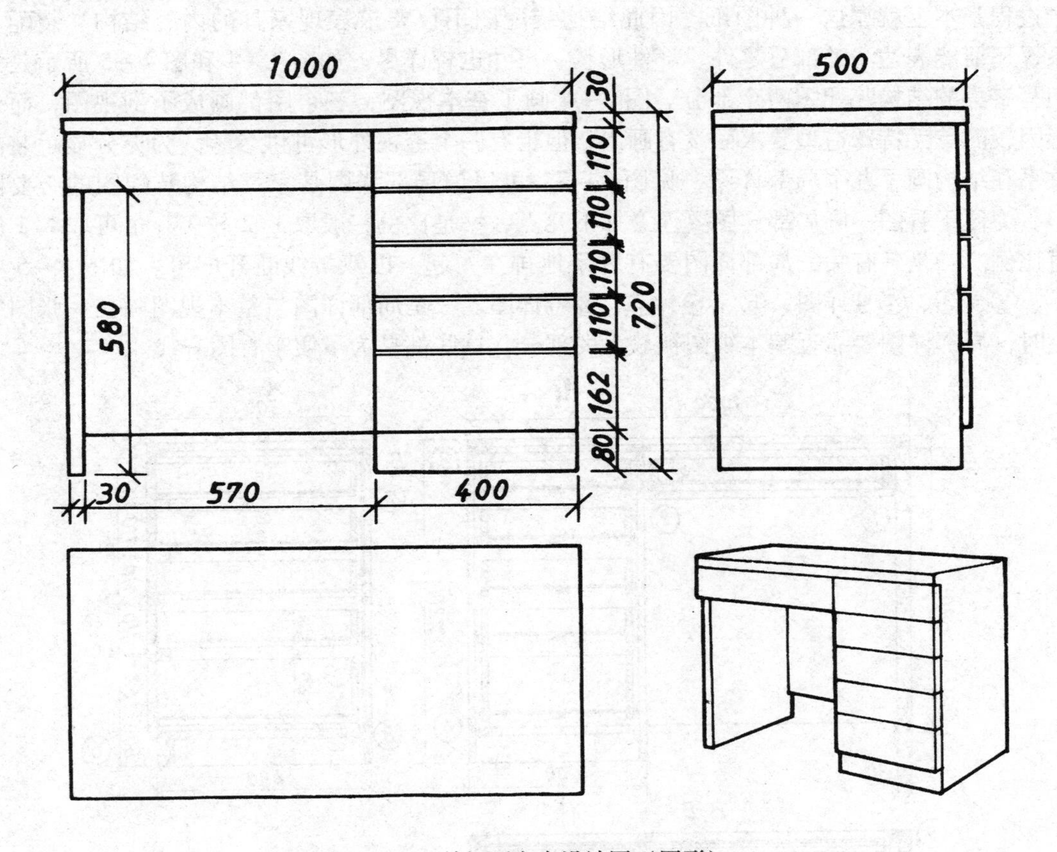

图4－3　单柜写字桌设计图（图形）

最后还要注意的是，设计图与设计草图不同，它已经是正式图样了，应按国家标准图纸幅面选择图纸大小，要画出图框标题栏等，并在责任签字栏内签字，送有关部门审核。一张图纸一般画一个图框，一个图框内只能画一件家具产品的设计图。

设计图上除了上述图形、尺寸外，还应包括技术条件，诸如主要使用材料、色泽、涂饰方法、表面质量要求等，这里就不一一列举了。

第二节　装　配　图

家具装配图是用来指导家具生产的重要图样。装配图的内容与画法随着生产方式的不同而有所差异。装配图也是在设计图的基础上，考虑内部结构、制造方法画出来的。目前装配图主要有三种类型，即结构装配图、装配图和装配（拆卸）立体图。

一、结构装配图

结构装配图在框式家具生产中用得颇多，不仅用来指导已加工完成的零件、部件装配成整体家具，还指导一般零件、部件的配料和加工制造。常取代零件图和部件图，整个生产过程基本上就靠这一种图纸。因此结构装配图不仅要求表现家具的内外结构、装配关系，还要能表达清楚部分零件、部件形状，尺寸也较详尽。如图4－4和图4－5所示是单柜写字桌的结构装配图两个部分。图4－4画了基本视图，三个图都画成了剖视图，而外形因较简单无特殊造型要求而没有画出，但也有一个透视外形可供参考。为充分显示装配关系和结构画了九个局部详图，见图4－5。可以说局部详图是家具结构装配图的必要图形。为便于看图，画局部详图要注意如下几点，一是比例一般取1:2较多，也可取1:1原值比例。二是各有关的局部详图要有联系地排在一起，以双折线断开即可。如图4－5中①、②、③、④号详图，⑤、⑥、⑦、⑧号详图。三是局部详图与基本视图画在一张图纸上时，局部详图要靠近基本视图被放大的部分，这些都是为了便于看图查找。

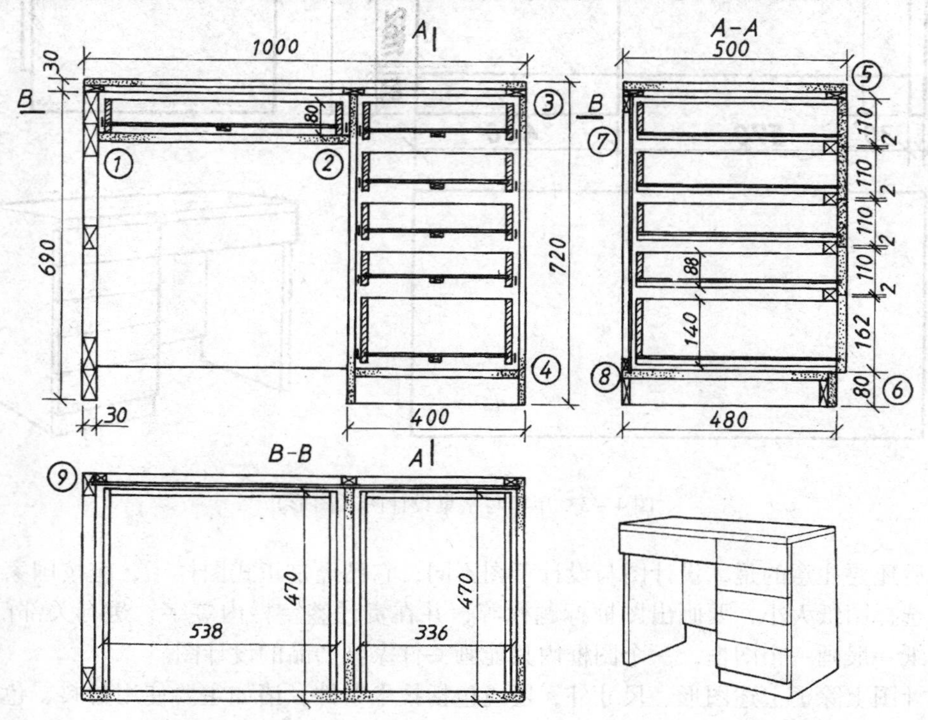

图4－4　写字桌结构装配图基本视图部分（①～⑨为局部详图编号）

结构装配图上的尺寸相对来说比较多。除了总体尺寸宽、深、高一定要直接注出外，凡配料、加工、装配需要的尺寸基本上都应注出或可以根据已知尺寸推算得出。某些次要的尺寸则不全注出，需要时直接在局部详图中量取，当然这只是极少数情况。所以这是局部详图的比例一般都取1:2和1:1的缘故。

除此之外，凡加工装配所要注意的技术条件也都应注写在结构装配图上。与结构装配图配套的还有零、部件明细表，上列零部件名称、材料、规格尺寸等，还包括连接件、涂料用量、品种等。较简单的家具明细表也有直接画在标题栏上方。

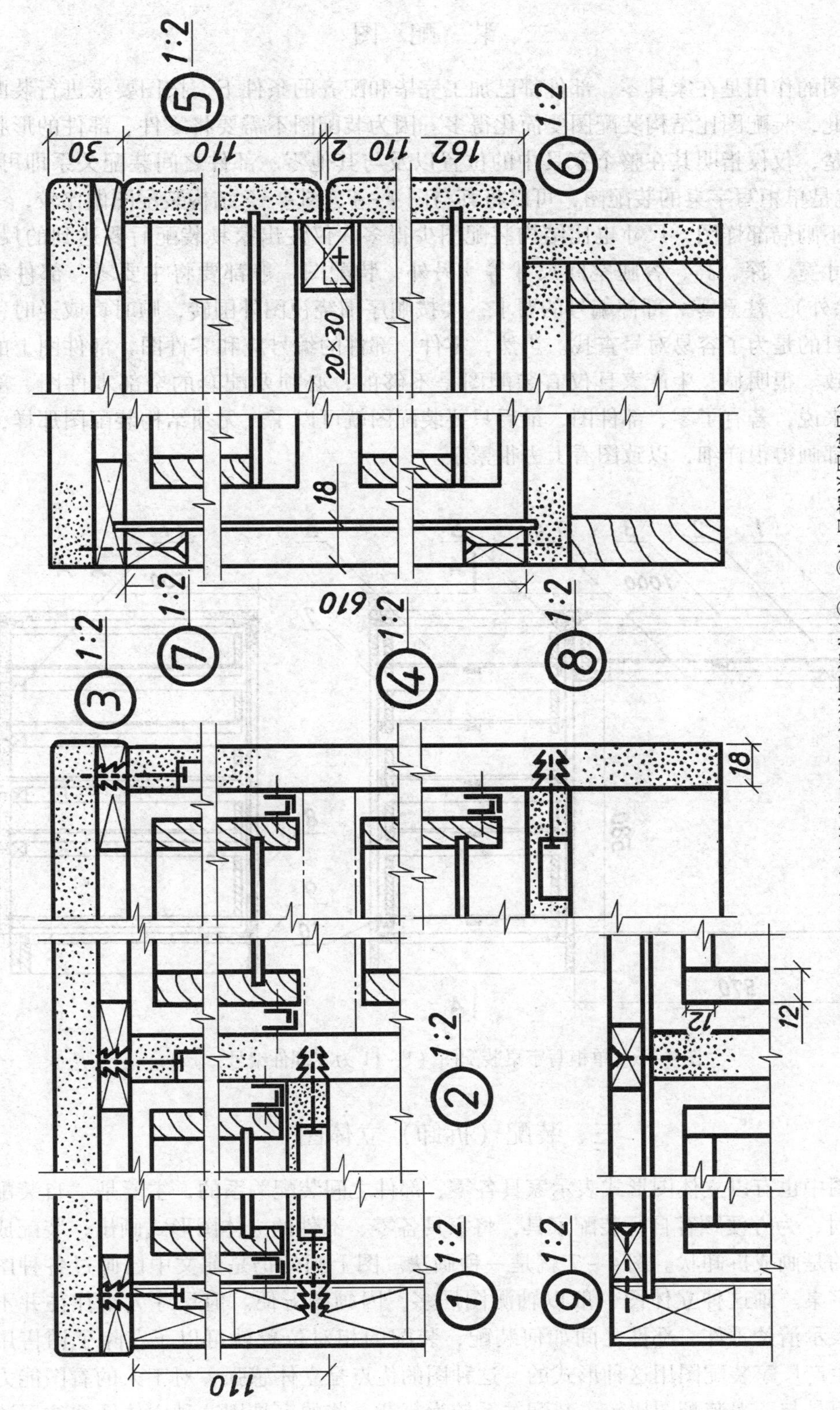

图4－5　写字桌结构装配图局部详图部分（①～⑨为局部详图编号）

二、装 配 图

装配图的作用是在家具零、部件都已加工完毕和配齐的条件下，按图要求进行装配成产品。因此，装配图比结构装配图要简化得多。因为装配图不需要将零件、部件的形状尺寸表示清楚，仅仅指明其在整个家具中的位置以及与其他零、部件之间装配关系即可以。图 4－6 就是单柜写字桌的装配图，可以将其与图 4－4、图 4－5 结构装配图做比较，一般装配图都不画局部详图，尺寸也比结构装配图少得多。仅注出家具装配后要达到的尺寸，如总体尺寸宽、深、高，容腿空间尺寸等。另外，装配图一般都要将主要零、部件编号（连接件除外）。注意零、部件编号的要求，要按顺序围绕视图外围转，顺时针或逆时针方向均可，目的是为了容易对号查找。当然，零件、部件的编号应和零件图、部件图上的编号完全一致。很明显，生产家具仅有装配图是不够的，必须要配套的全部零件图、部件图。反过来说，若有了零、部件图，最后只要装配图就可以了，无须结构装配图那样，各细部结构都画得很详细，以致图看上去很繁杂。

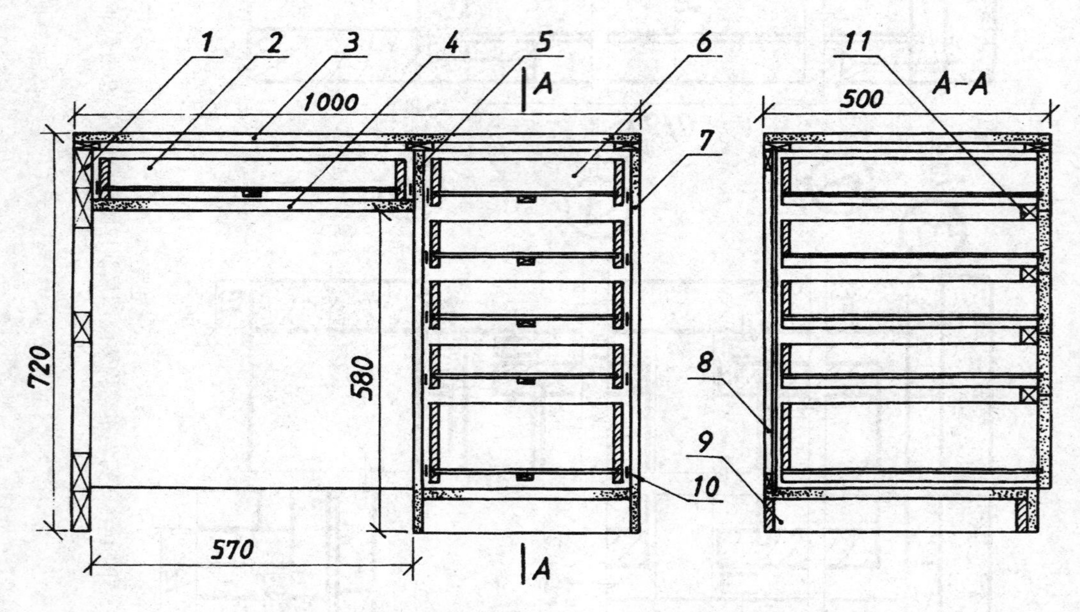

图 4－6　单柜写字桌装配图（1～11 为零部件编号）

三、装配（拆卸）立体图

家具图中也有以立体图形式表示家具各零、部件之间装配关系的，主要是“自装配家具”销售时，为方便顾客自行装配家具，将家具各零、部件的立体图形式画出，装配成家具，更多的是画成拆卸状。图 4－7 就是一种画法。图上画的仍是前文中已画过各种图样的单柜写字桌。画这种立体图一般以轴测图居多，因画图方便。但尺寸大小往往并不严格，只要表示清楚零件、部件之间如何装配，装配的相对位置就可以了。除了销售用图外，也有生产厂家装配图用这种形式的。这种图的优点是立体感强，对工人的看图能力要求较低。但是与一般装配图比较，装配关系较为复杂一些的家具用这种立体图往往无法表达清楚，这是它的缺点。

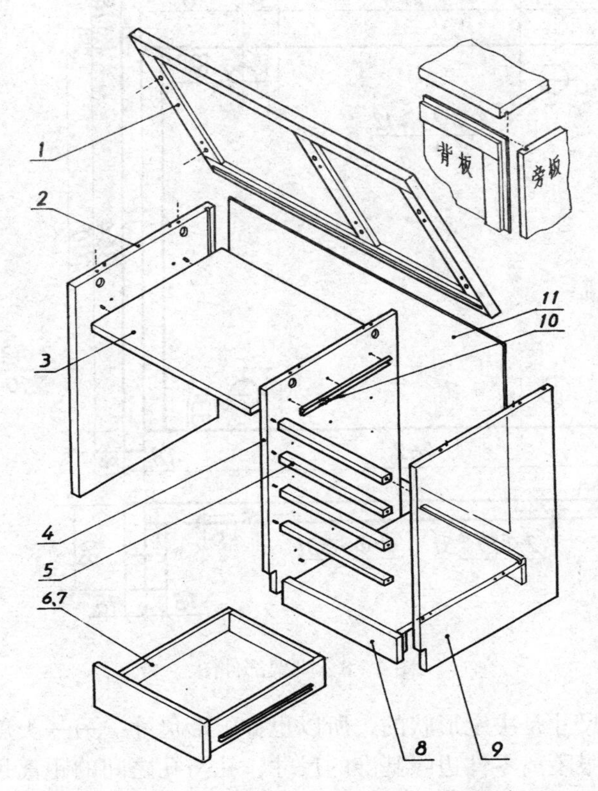

图4－7　装配（拆卸）立体图（1～11为零部件编号）

第三节　零件图和部件图

由零件组装成的独立装配件称为部件，而零件是用以组装成部件或产品的单件。生产任何家具必先加工制造零件，组装部件，最后装配成家具。所以除了零件形状尺寸特别简单的不画零件图外，一般情况都有部件图和零件图，板式家具更是如此。

一、部　件　图

家具中经常见到的如抽屉，各种旁板、脚架、门、顶板、面板、背板等都是部件。有了部件图，组成该部件的零件一般就不再有零件图。图4－8是单柜写字桌的脚架部件图，从图中可看到，脚架由四个零件组成，其中主要的底板零件上打有四个ϕ25的连接件专用孔，且都有尺寸注明了位置。此外，与连接件相配合的有定位销孔ϕ8。底板上还有一条槽是用于装嵌背板的。为了要使部件能与其他有关零件或部件正确顺利地装配成家具，部件上各部分结构不仅要画清楚，更重要的是有关连接装配的尺寸特别要注意不能搞错，不能遗漏。

尺寸一般可大致分为两类，一是大小尺寸，例如孔眼的直径、凹槽的宽深、总体的宽

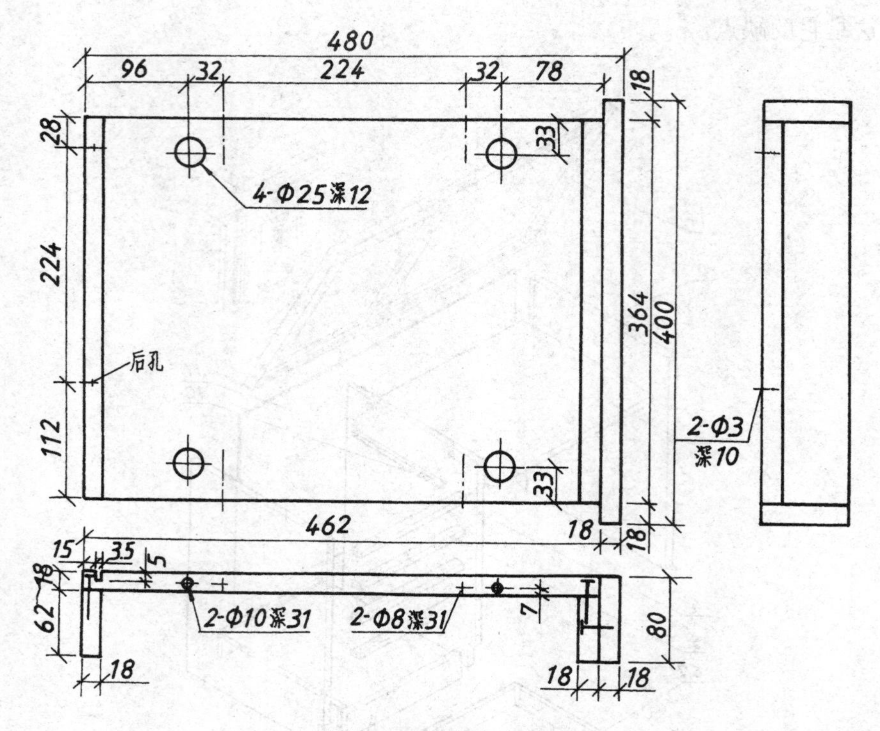

图 4－8　脚架部件图

深高等，很明显这类尺寸是决定形状的，所以也称定形尺寸。另一类就是定位尺寸，如孔的位置尺寸，包括孔眼距离零件边缘基准的尺寸，孔与孔之间的距离尺寸等。部件图不仅形状尺寸都要齐全外，其他有关生产该部件的技术要求也都要在图样上注明。当然一个部件就要有单独的一个图框和标题栏。

二、零　件　图

家具中除了部件外就是作为单件出现的零件了。零件可以分为两类，一是直接构成家具的如竖档、横档、腿脚、望板、挂衣棍等，以及组成部件的如屉面板、屉旁板等。还有一类就是各种连接件，如圆钉、木螺钉和各种专用连接件等。后一类零件一般都是选用市场上有售的标准件，只需按要求注明规格型号数量等选购就可以，当然无须图样。

图 4－9 是单柜写字桌的右旁板零件图。由于该旁板是由整块中密度纤维板做成，没有其他附件装在上面，所以还是零件。从图中可看到，形状结构并不复杂，主要是孔眼多，必然要有一系列孔眼的大小尺寸与定位尺寸。对于其中一些在图上很小的小孔眼往往圆就省略不画，仅仅画一细实线十字，用不带箭头的引出线注出数量、孔眼直径、钻孔深度，如“2－ϕ8 深 10”，画有圆的小孔眼，则可以用带一个箭头的尺寸线注出其直径、数量等尺寸数据。

当然，凡是对零件成品应该有的技术要求在零件图上都必须注写清楚。零件图中画的零件即使图形简单，尺寸也不多的情况下，也应一个零件一个图框，选择标准图纸幅面，标题栏中应填写的栏目都应写全。避免一个图框内同时画几个零件的零件图。

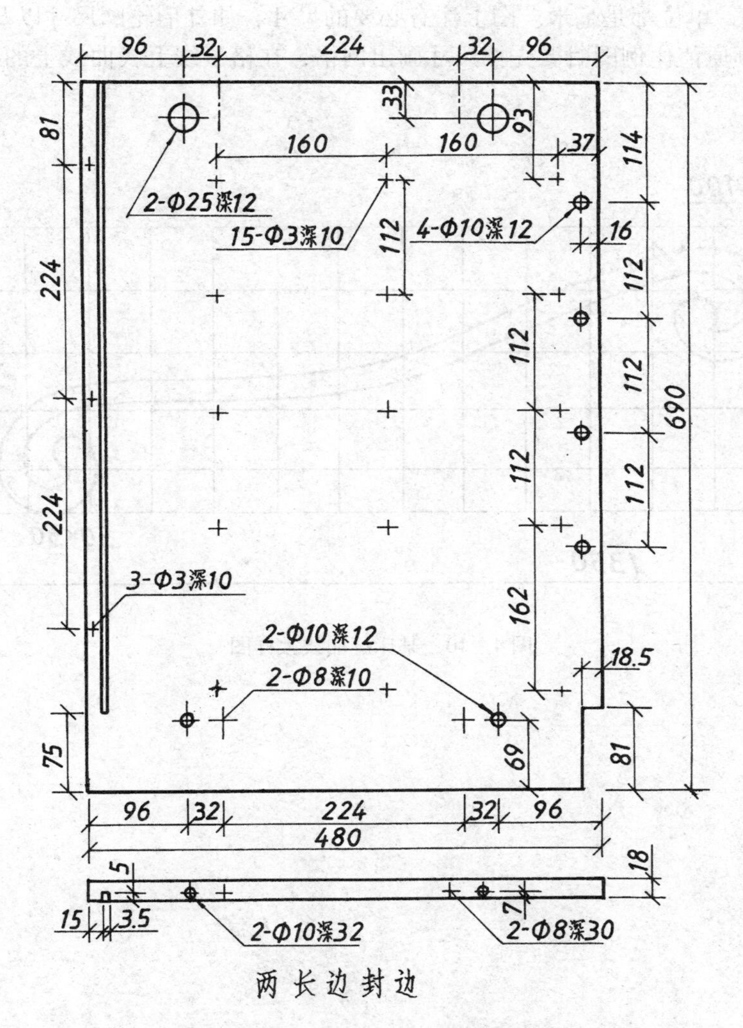

图4－9　单柜写字桌右旁板零件图

三、大　样　图

家具中某些零件有特殊的造型形状要求，在加工这些零件时常要根据样板或模板划线，最常见的如一般曲线形零件，就要根据图纸进行放大，画成1∶1原值比例，制作样板，这种图就是大样图。大样图也常先画成原值比例大小，以此图为准划线制样板，然后为保存资料存档，再据此画成缩小比例的图。对于平面曲线一般用坐标方格网线控制较简单方便，只要按网格尺寸画好网格线，在格线上取相应位置的点，由一系列点光滑连接成曲线，就可画出所需要的曲线了，无论放大或缩小都一样。假如曲线中有圆弧，则也可注出圆弧直径或半径尺寸则更为方便正确。

图4－10是一床屏的曲线大样图。由于是对称的图形，图上左边一点划线上下都有两条平行细实线短线，这就是对称符号（线长6～10mm，平行线间距2mm左右）。由此可知道这图形仅是床屏的一半。网格图右下方一般应注有网格的尺寸，如“每格50×50”或

就写“50×50”，单位都是毫米。图上注有必要的尺寸，如外形轮廓尺寸以及圆弧的直径、半径等。放大画原值比例图时要先按尺寸画出网格，在格子线上找曲线上的点光滑连接就可完成作图。

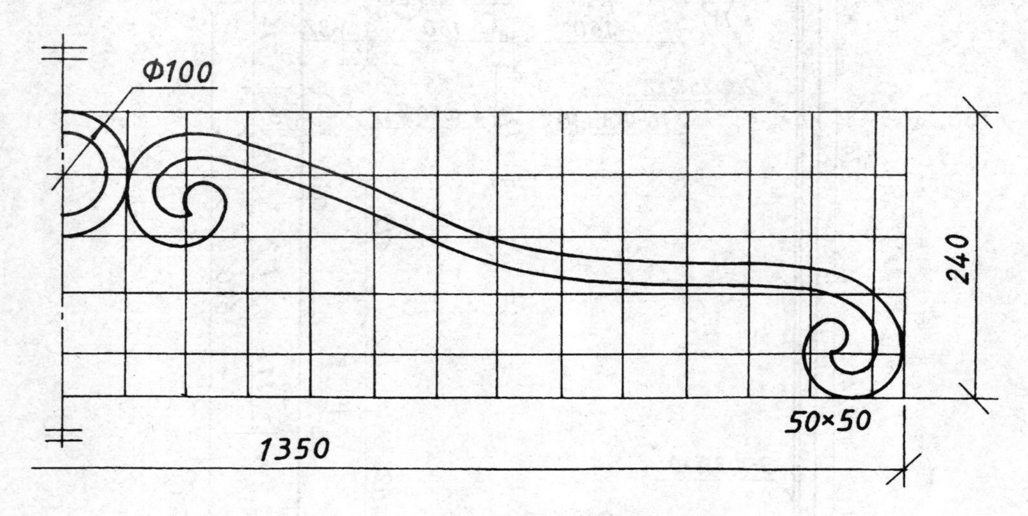

图 4－10　某床屏曲线大样图

第五章　透视图基本画法

第一节　概　　述

无论设计什么产品，绘制各种图样是表达设计者构思的重要手段和表达方法。特别是设计家具，构思其外观造型时，画立体图则是必不可少的过程，往往随手勾画出多种式样的家具立体图，也就是前章所述的设计草图。而对于大多数消费者来说，立体图是较易被接受和理解的一种图，容易从图中想象出家具的大致形态模样。所以学会画出较逼真的立体图是做家具设计必要的技巧。

一、分　　类

立体图主要分两大类，即轴测图和透视图。轴测图前面已介绍。透视图是运用中心投影原理在一个投影面上画的立体图，因此比较接近于人们眼睛观察的感觉。如果仅从轮廓形状来说，犹如摄影所得的照片。所以家具设计中立体图主要是用透视图绘制的。

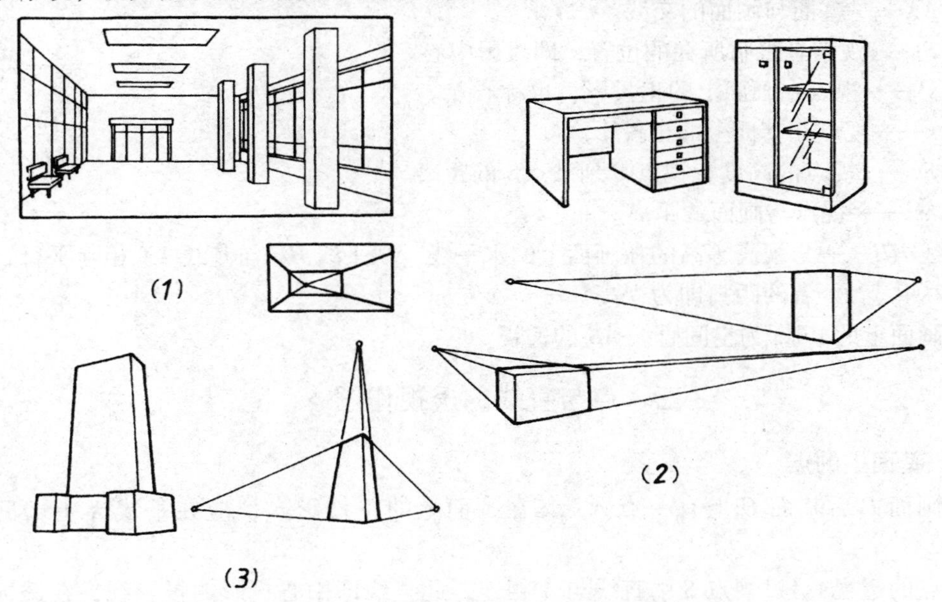

图 5－1　一点透视、二点透视和三点透视

透视图从灭点的多少来分有一点、二点和三点透视三种，如图 5－1 所示。一点透视多用于画室内透视图，因其画法相对来说较容易，且表现范围较宽而为很多人喜用。图 5－1（2）是单件家具的透视图，用的是二点透视画法。这种画法用途最广，是我们家具设计学习的重点。最后三点透视如图 5－1（3）所示，往往用来表现高层建筑，宏伟的纪念碑等，在室内设计时常常画高层建筑中室内中庭等，画家具则较少应用。

二、名词术语

图 5－2 中画出了学习透视图画法常要用到的名词术语。

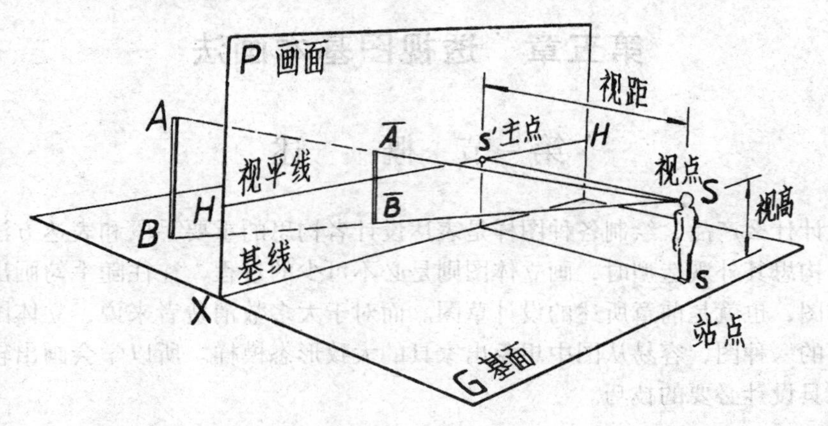

图 5－2　透视图常用名词术语

基面 G——放置家具的水平面，一般为地平面，相当于水平投影面。

画面 P——绘制透视图的投影平面。画面一般为平面，除三点透视外，画面垂直于基面。

基线 XX——基面与画面的交线。

视点 S——观察者眼睛所在的位置，即投影中心。

主点 s'——视点在画面上的正投影，也称心点。

站点 s——视点在基面上的正投影。

视高 Ss——视点的高度，视点 S 到站点 s 的距离。

视距 Ss'——视点与画面的距离。

视平线 HH——与视高等高的在画面上的水平线。视平线 HH 与基线 XX 相互平行，两者的距离即为视高。

图中画面上的$\overline{A}\,\overline{B}$即为空间直线 AB 的透视。

三、点与直线的透视作图

（一）基面上的点

设在画面 P 后基面 G 上有一点 A，其在画面上的正投影 a'，应在基线 X 上，见图 5－3（1）。

求 A 点的透视$\overline{A}$。过视点 S 引直线与 A 相连，此直线即中心投影的投影线，在透视图中称视线。视线 SA 与画面 P 相交，交点$\overline{A}$即为所求。具体作法可先画出该视线的水平投影 sa，与画面的水平投影 P 相交于 a_x 点，a_x 点即为$\overline{A}$的水平投影。再画出视线 SA 在画面上的投影 $s'a'$，由 a_x 垂直向上与 $s'a'$相交即得$\overline{A}$点，见图 5－3（2）。

（二）基面上的直线

已知基面上一直线 AB，如令 B 点在基线上，则 B 也在画面上，在画面上的点其透视就是其本身，不用另求。于是只要按图 5－3 方法求出 A 点的透视$\overline{A}$即可。直线的透视一般情况下仍为直线，因此求出$\overline{A}$后与$\overline{B}$（B）相连，$\overline{A}\,\overline{B}$即为直线 AB 的透视。见图 5－4。

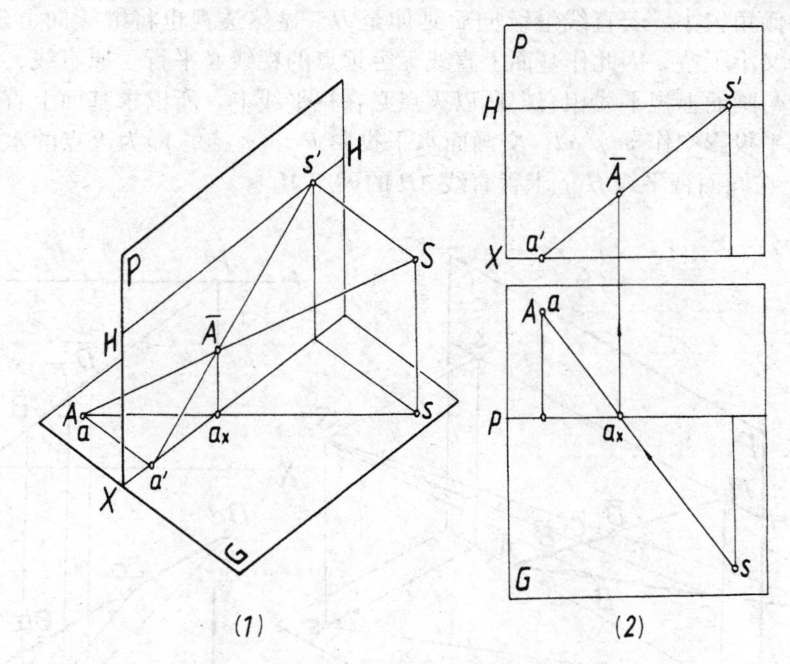

图 5－3　基面上点的透视画法

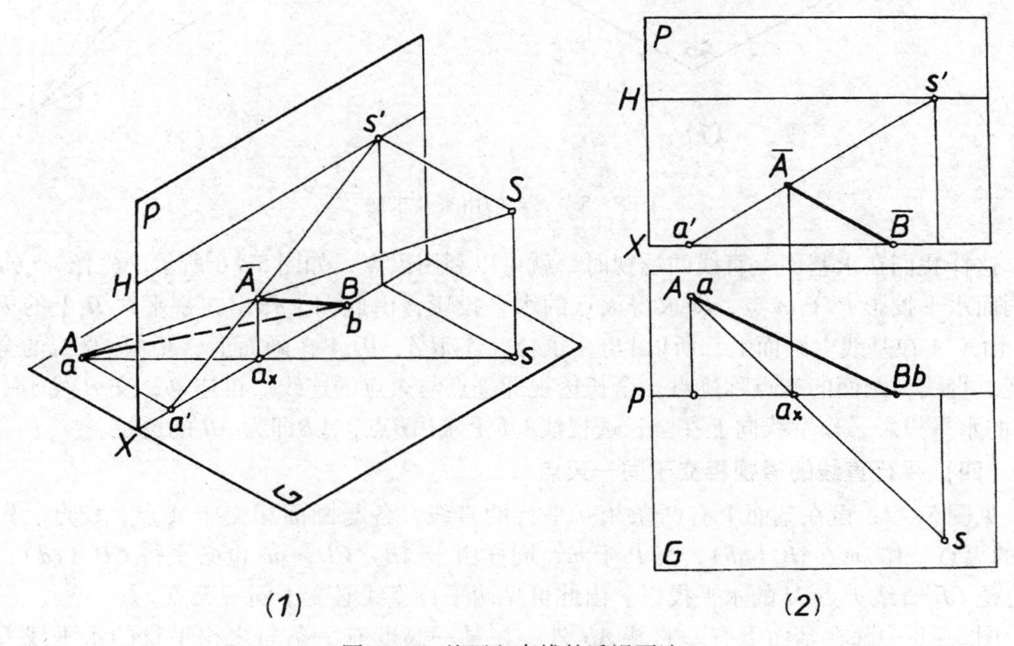

图 5－4　基面上直线的透视画法

（三）灭点

直线上无穷远点的透视称为灭点。它的概念和求法如图 5－5 所示。已知一直线 AB，令 A 在基线上，按图 5－4 求出其透视$\overline{A}\,\overline{B}$。今使该直线 AB 向后延长至 C，求出透视$\overline{C}$，AC

的透视为$\overline{A}\,\overline{C}$。从透视图中可看到直线的透视向上倾斜，在空间 SC 视线与 SB 视线相比较，前者与基面的倾角较小。若直线继续向后延伸至 D，显然透视也将继续向上延伸，而 SD 与基面的倾角又小了些，因此作基面上直线无穷远点的视线必平行于原直线，平行于基面上直线的视线与画面上视平线相交，所以灭点必在视平线上。所以求基面上直线的灭点方法是：先在水平投影中作 $sm // ad$，交画面水平投影 P 于 m 点，即为灭点的水平投影。再由 m 垂直向上在画面视平线 H 上求得直线 AD 的灭点 M。

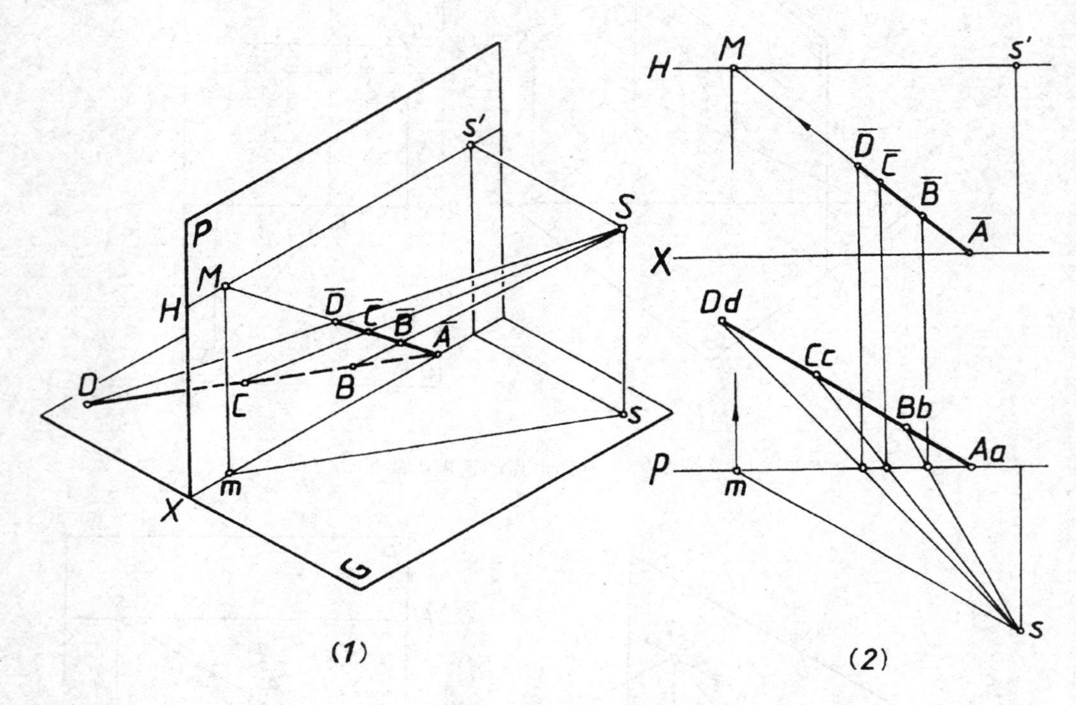

图 5－5　灭点的由来及求法

这样我们在求基面上直线的透视时，就可以利用灭点，如图 5－6 所示。先作 $sm // ab$，交画面水平投影 P 于 m 点，即求得灭点的水平投影，由此向上作出在视平线 H 上的灭点 M。由于 A 在基线上画面上，所以$\overline{A}$与 A 重合，连 $M\overline{A}$，因 A 在画面上，$M\overline{A}$称直线的全长透视。直线与画面的交点称迹点，全长透视即迹点与灭点的连线。再连 sb，交 P 线于一点即$\overline{B}$的水平投影，作垂线向上在全长透视线$\overline{A}M$ 上求出$\overline{B}$点，$\overline{A}\,\overline{B}$即为 AB 的透视。

（四）平行直线的透视相交于同一灭点

见图 5－7，设在基面上有两条相互平行的直线，各与画面相交于 A 点、C 点。先求 AB 的灭点。作 $sm // AB$（ab），交 P 于 m，同样由于 $AB // CD$，sm 也必平行 CD（cd），即 m 也是 CD 直线灭点 M 的水平投影。由此可见两平行直线必交于同一灭点。

图 5－8 中除在基面上有一直线 AB 外，在某一高度有一条与之相平行的水平线 CD。设 A 和 C 在画面上。利用灭点求出直线 AB 的透视面$\overline{A}\,\overline{B}$后，由于 C 在画面上，透视$\overline{C}$与 C 重合。因为 $CD // AB$，CD 的透视$\overline{C}\,\overline{D}$也应与$\overline{A}\,\overline{B}$同交于一灭点 M。A 和 C 均在画面上，它们之间的距离就反映了两条直线的实际距离，$\overline{A}\,\overline{C}$的距离就是 CD 直线的真高。即画面上反映真高。

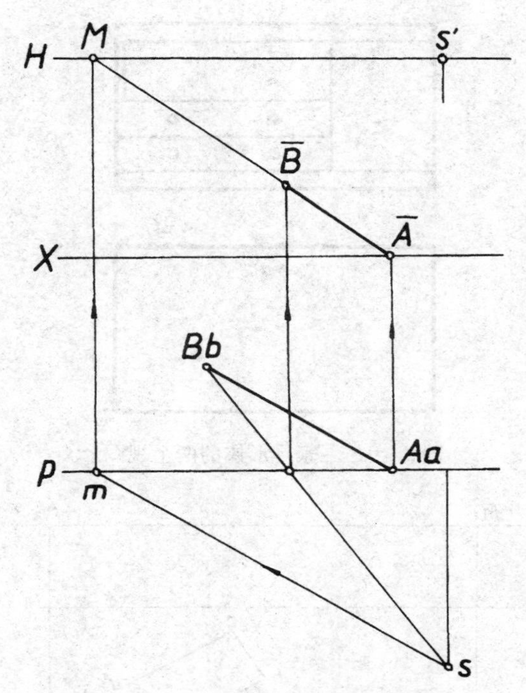

图 5-6　利用灭点求直线的透视

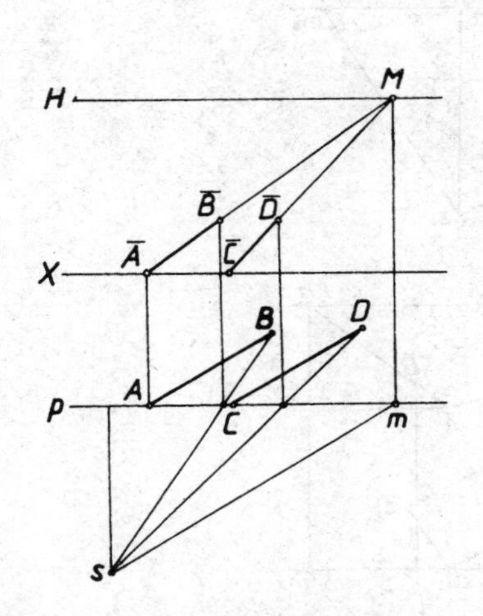

图 5-7　平行直线交于同一灭点

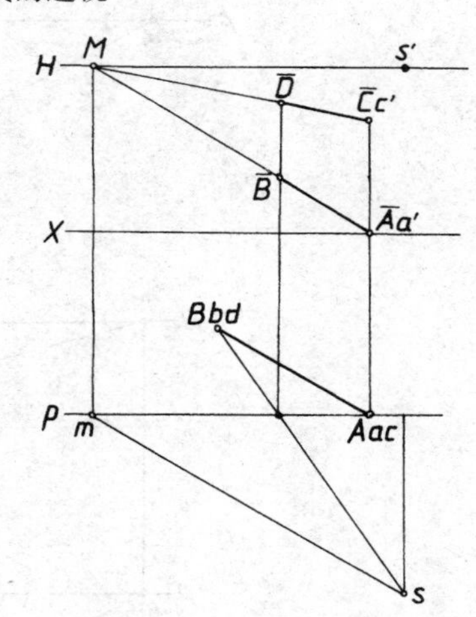

图 5-8　空间水平直线的透视

第二节　立体的透视基本画法

一、视线迹点法

已知一家具形体如图 5-9 所示。现求作其透视图。首先设家具形体置于基面上画面后，为作图方便使家具形体一角与画面相交，如图 5-10（1）水平投影所见。第一步先作家具形体的水平投影 *abcd* 的透视，即次透视$\overline{A}\,\overline{B}\,\overline{C}\,\overline{D}$。在基面上的次透视又称基透视。按

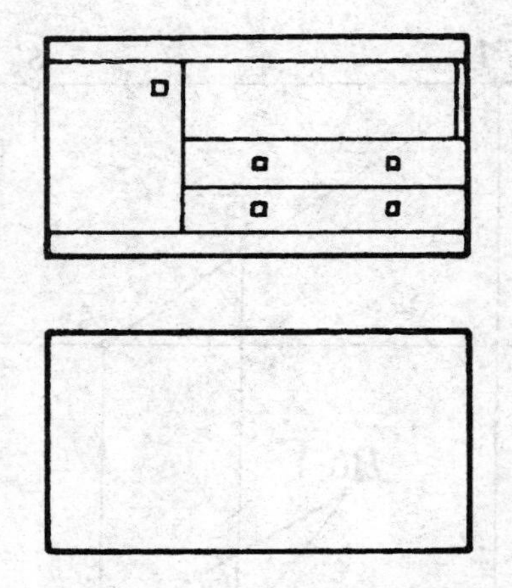

图 5-9　一家具形体的两个视图

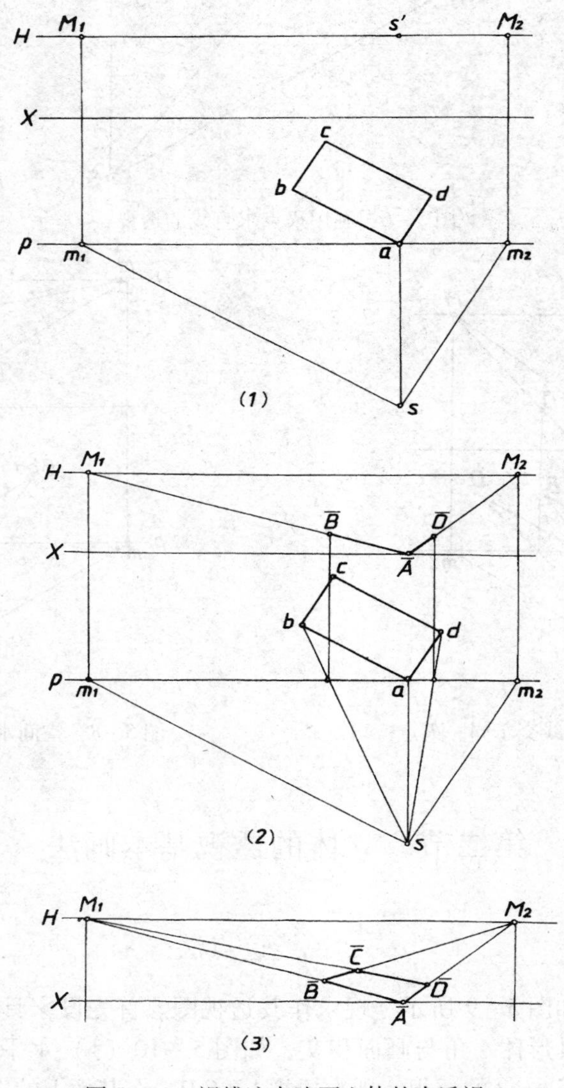

图 5-10　视线迹点法画立体的次透视

前述求基面上直线的透视的方法先分别求出各直线的灭点。现有两组平行直线 $ab \parallel cd$，$ad \parallel cb$。分别求出 M_1 和 M_2，见图 5－10（1）和图 5－10（2），即用灭点分别画出 AB 和 AD 的透视 $\overline{A}\,\overline{B}$和 $\overline{A}\,\overline{D}$，再利用平行线交于同一灭点原理，画出次透视 $\overline{A}\,\overline{B}\,\overline{C}\,\overline{D}$，如图 5－10（3）所示。

求透视高。由于已设家具形体一角与画面相交，于是 AA_1 棱线的透视 $\overline{A}\,\overline{A_1}$即与 AA_1 重合，反映了家具形体的真高。所以家具形体高度的透视先从画面上 $\overline{A}$ 开始，量家具形体真高得 $\overline{A_1}$，如图 5－11（1）所示。再利用平行直线透视交于同一灭点的原理，画出整个立体的透视图，见图 5－11（2）。

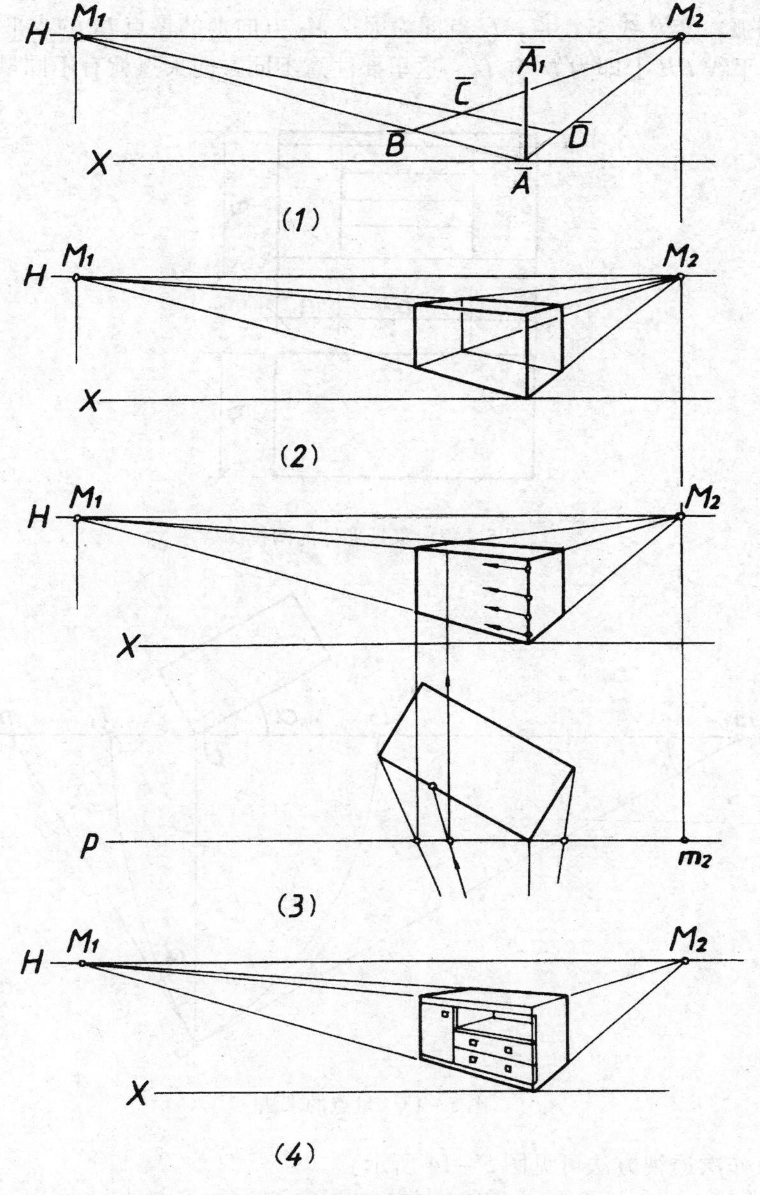

图 5－11　家具形体透视图作图过程

家具形体正面细部的透视画法可见图5－11（3）和图5－11（4）。其中，水平线的透视都先找其实际真高，在画面上量实际高度再与相应的灭点相连求得。垂直方向的直线其透视位置的确定仍利用水平投影，连站点 s 与实际位置相连交 P 面上各点求得。

二、量 点 法

图5－12是另一家具形体的两个视图。现用量点法来画其透视图，即用量点来确定点、直线次透视的位置。量点的求法见图5－13。在水平投影上先作出一灭点 M_1 的水平投影 m_1，然后以 m_1 为圆心，m_1s 长为半径作圆弧，交画面水平投影 P 线于 l_1 点，l_1 点即为灭点 M_1 方向上的量点 L_1 的水平投影。同样，可以灭点 M_2 的水平投影 m_2 为圆心，m_2s 长为半径作圆弧，交 P 线于 l_2 点，l_2 点即为灭点 M_2 方向上的量点 L_2 的水平投影。由 l_1 和 l_2 回到画面视平线 HH 上即为 L_1 和 L_2。这里要注意不同方向灭点就有不同量点。

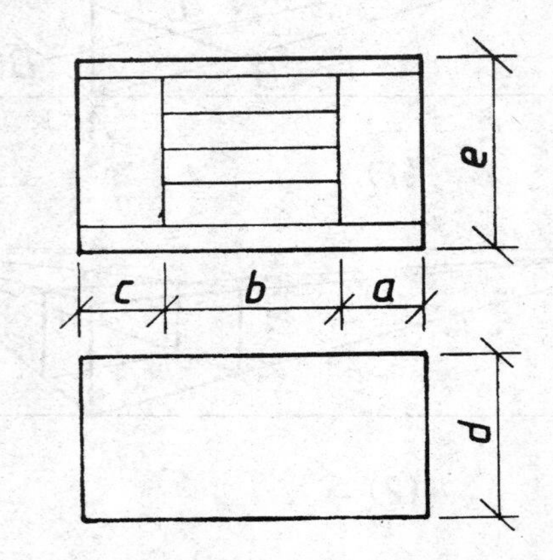

图5－12　家具形体的两视图

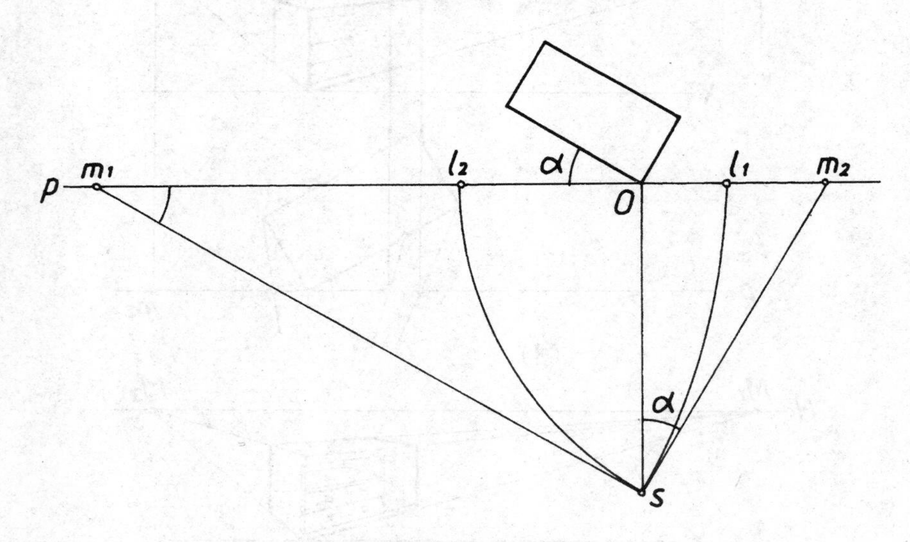

图5－13　量点的求法

利用量点作次透视方法可见图5－14所示。

首先用 M_1 和 M_2 以及迹点画出前面两条线的全长透视，再求正面上各透视位置。从迹点开始，按家具形体正面分割的实际尺寸，如图 5－14 中 a、b 和 c，分别与量点 L_1 相连，并通向 M_1 的全长透视直线上各点，即求得各点的透视位置。同样，深度方向也这样求透视位置，只是注意在通向灭点 M_2 的全长透视上取点要用另一量点 L_2，不能搞错。次透视画完后立透视高度方法与前述完全相同。

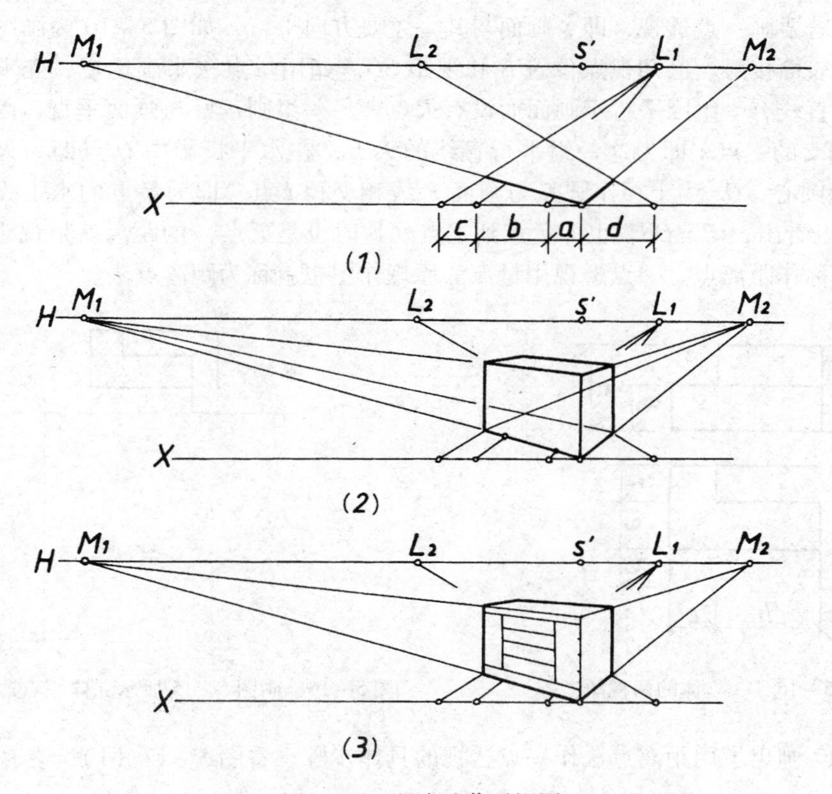

图 5－14　量点法作透视图

由于量点的由来（图 5－13）明显地可以利用数学关系计算出量点（包括灭点）的位置，从而免去为求灭点、量点作图占用大片图纸位置。如已知视距 sO，立体正面与画面的偏角 α，其中 O 为主点 s'的水平投影。

则 $OM_1 = \dfrac{sO}{\text{tg}\alpha}$，$OM_2 = \dfrac{sO}{\text{tg}(90° - \alpha)}$

$M_1L_1 = \dfrac{sO}{\sin\alpha}$，$M_2L_2 = \dfrac{sO}{\sin(90° - \alpha)}$

例如已知偏角为 30°，$sO = 1$

则 $OM_1 = 1.732$　$M_1L_1 = 2$

$OM_2 = 0.577$　$M_2L_2 = 1.155$

$(M_1M_2 = 2.31)$

这样若已知视距 sO 长，$\alpha = 30°$，就可乘以上述数据，很容易求得灭点、量点的位置，即可作图，免去画水平投影作图求灭点、量点。

三、距离点法

上述两种方法所举例子，由于立体正面均与画面有一偏角，因此都有两个灭点 M_1 和 M_2，所画的透视即为二点透视。如果有一立体如图 5－15 所示，各个方向上的尺寸都已用字母标出。若要画一点透视，即令画面与其一主要方向平行，如图 5－16 为画图方便令画面与立体一表面接触。已知视点位置 S 和视距 SO。如用量点法来画透视，先求灭点。显然两组平行直线有一组因平行于画面而没有灭点。另一组则正好与画面垂直，因此主视线 Ss' 与画面相交的主点 s' 即为这一组平行直线的灭点，在水平投影中 O 点即为灭点水平投影。由 O 为圆心，OS 为半径作圆弧与画面 P 线相交得 l 点，即为量点的水平投影。从图 5－16 中可以看出，$Ol=OS$，也即量点到主点（这时也是灭点）的距离就是视距，所以这时的量点也称作距离点。一点透视用量点法原理作图也就称为距离点法。

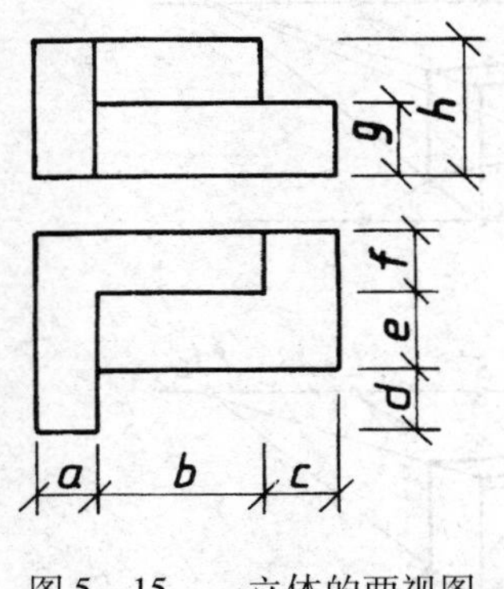

图 5－15　一立体的两视图

图 5－16　画图 5－15 所示立体一点透视准备

图 5－17 画出了用距离点法作一点透视的具体步骤。看图 5－17（1），在视平线 H 上

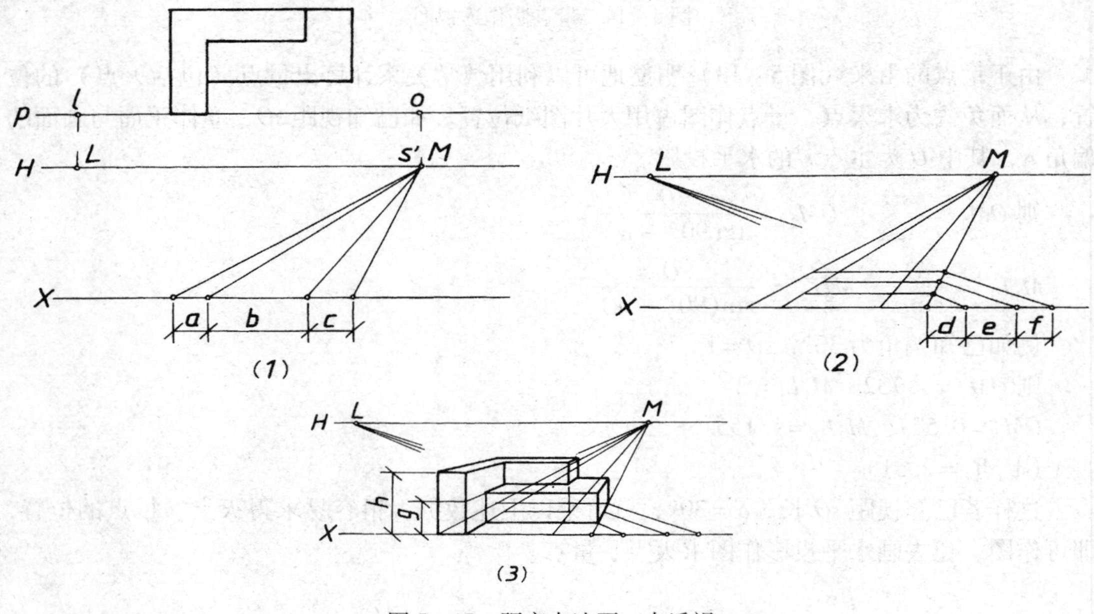

图 5－17　距离点法画一点透视

定出主点 s'，即唯一灭点 M，然后在 H 线上量 ML 等于视距，得距离点 L 即为量点。按照立体与视点的相对位置在基线上先定出由距离 a、b、c 决定的四个点，作垂直于画面的四条直线的透视，即使各点与灭点 M 相连即为所求。接下去画不同深度的四条横线，由于都平行于画面，其透视将因无灭点而仍相互平行，只要定出深度的透视位置即可画线。现选择一条深度方向的直线透视，准备在其上求得各横线的透视位置。方法和量点法完全一样，从迹点出发在基线 X 线上量深度实际尺寸 d、e、f 取三点，再由这三点与距离点 L 相连，与所选直线透视相交于各点即为所求位置，这样就完成了次透视。图 5－17（3）即立透视高完成全部作图。图中可看到量真高不管前后都要在画面上量，即 X 线上量 h 和 g 两个高度。

如果画面取在如图 5－18（1）中所示位置，立体有部分将处于画面前面。画次透视时在画面前面部分的画法见图 5－18（2）所示。可以看到只要在基线上量尺寸时，从迹点的另一方向度量尺寸（如 d），仍与原距离点 L 相连，结果就在直线透视的画面前面相交得交点，即在 X 线下方。这样就可画出立体最前面部分的次透视。立透视高度时，一定要注意，只有在画面上才反映真实高度，从图 5－18（3）可见到 h 和 g 两个真高的量法，是从在 X 线上也即迹点上量真高，然后再与灭点相连画出立体的整个透视图。

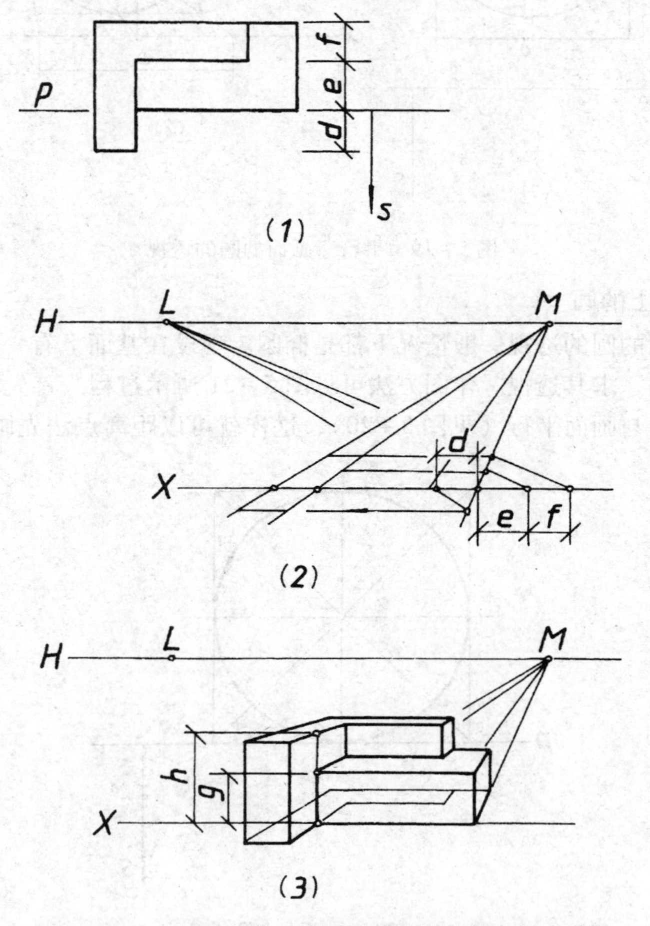

图 5－18　立体有部分在画面前面时的距离点法画透视

第三节　圆柱和曲线的透视

一、圆 的 透 视

（一）平行于画面的圆

如图5－19（1），已知一在画面后一定距离且平行于画面的圆。它的透视仍将是圆，只是因不在画面上，圆的直径不同，圆心位置不同。作法可按距离点法先求出其次透视（即圆的水平投影——直线），仍平行于基线 X，见图5－19（2），其长度即为透视圆的直径。再按求透视高度的方法求出圆心的透视位置 O，这样就可用圆规画出圆的透视了。

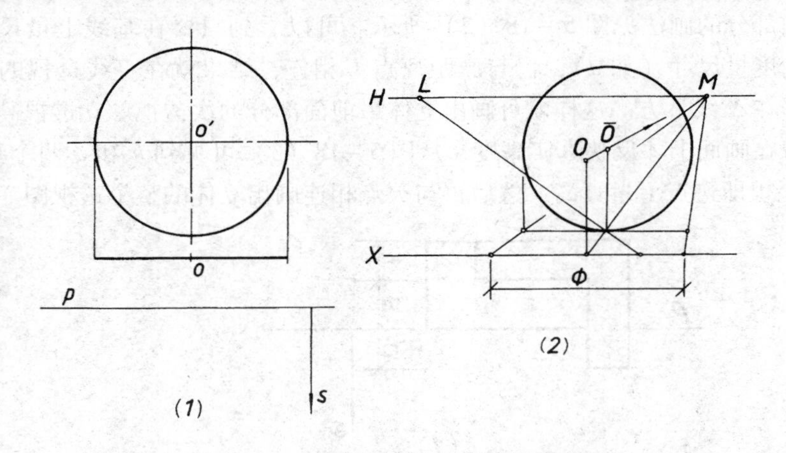

图5－19　平行于画面的圆的透视

（二）在基面上的圆

不平行于画面的圆的透视一般情况下都是椭圆。现设在基面上有一圆，如图5－20所示，令与画面相切，求其透视。作图方法可见图5－21所示过程。首先作该圆的外切正方形，使正方形一边与画面平行（见图5－20），这样就可以距离点法先画出正方形的透视，

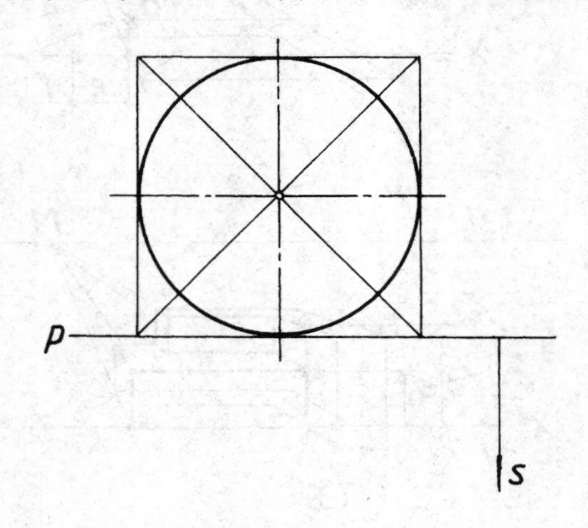

图5－20　基面上一圆求透视

见图 5－21（1）。接着作正方形的对角线，找出其中心点。从中可发现距离点就是正方形对角线的灭点。由中心点作出圆中心线的透视，中心线与正方形各边相交得四个点，即椭圆必过的四个点。再在对角线上找四个点。方法见图 5－21（3），在 X 线上取圆直径的一半，两点各作与 X 线成 45°倾斜的直线相交成一 45°三角形，从中心量三角形直角边长到 X 线上，得两条辅助作图线的位置，与灭点 M 相连画出两辅助作图线的透视，这两条辅助线与对角线相交就又得四个点。于是光滑地连接八个已求出的点就完成圆的透视——椭圆的作图。

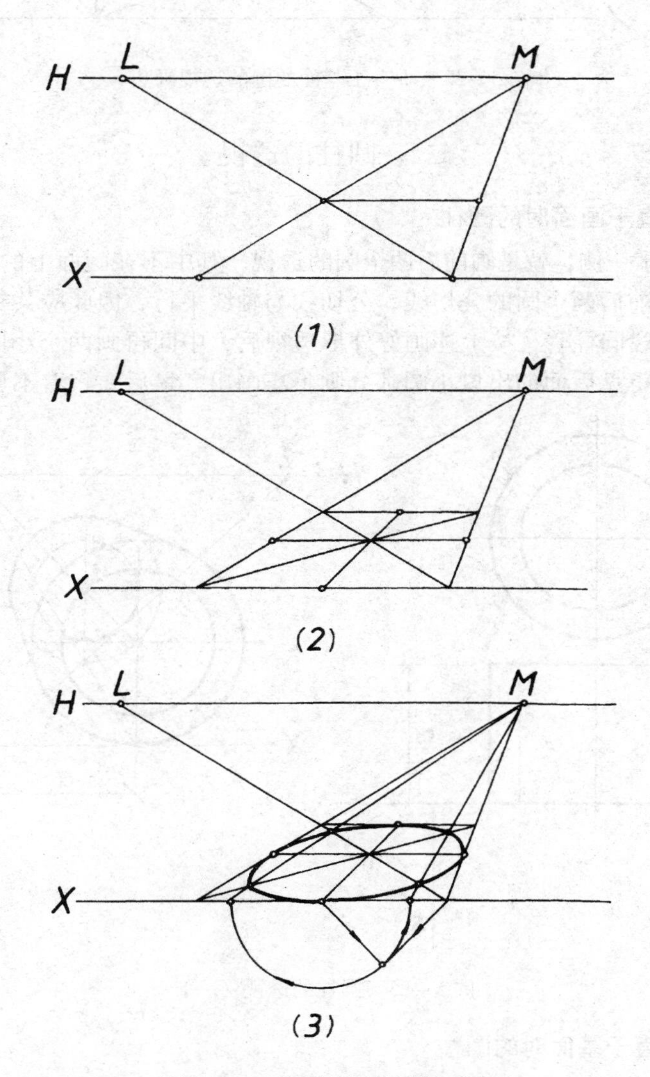

图 5－21　基面上圆的透视画法

（三）垂直于基面的圆

画法与图 5－21 基面上圆的透视画法相似。见图 5－22。先画出圆的次透视，为一条通向灭点 M_1 的全长透视中一段。然后作圆外切正方形的透视，接下去也是画对角线求中点，作圆的中心线透视，再作对角线、辅助作图线求出八个点，光滑连接即为所求椭圆。

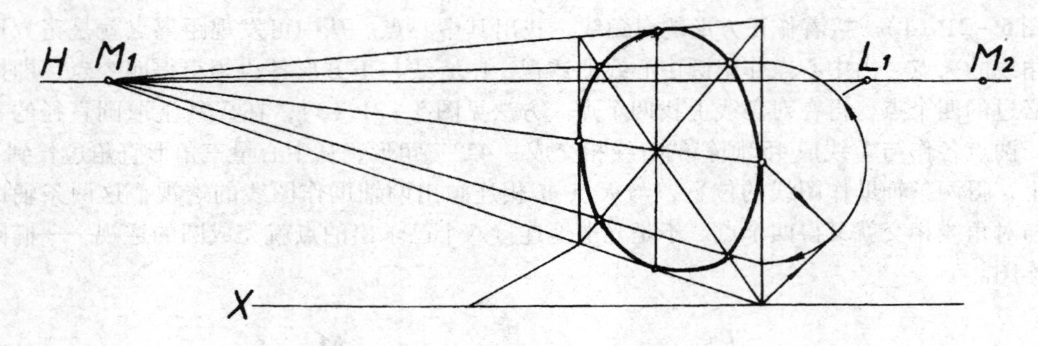

图5－22　垂直于基面的圆的透视画法

二、圆柱的透视

（一）轴线垂直于画面时的圆柱

如图5－23所示一例，就是画前后两个圆的透视，其中不在画面上的圆按前面图5－19方法画出，然后画前后两个圆的公切线，公切线与轴线平行，因此应共交于灭点 M。

图5－23为一段圆柱管，按上述画好外形透视后，中间再画两个小圆。注意小圆是空的，小圆孔中如看得见后面的出口小圆部分则不忘画出。最后要将看不见的图线都擦掉。

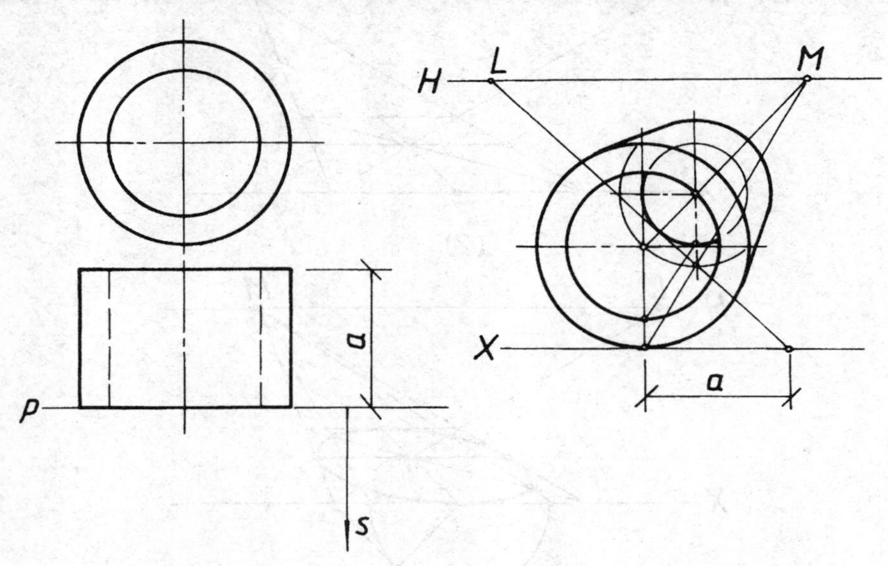

图5－23　圆柱的透视（一）

（二）轴线垂直于基面时的圆柱

如图5－24所示，可按图5－21所示方法画不同高度的两个椭圆，再作两椭圆的公切线（与轴线平行）即完成作图。

实际作图时常常只画一个圆的透视，另一个圆只画出其外切正方形及对角线，然后将已作出的椭圆上八个点按轴线方向移位，这样作出另一个椭圆。由于部分椭圆将看不见，因此实际上八个点只需移前面几个就可以了。图5－24是先作基面上的圆的透视，再向上作上面圆的透视。原因是此图基面上椭圆较清楚，各点位置相对比较准确，上面一椭圆虽

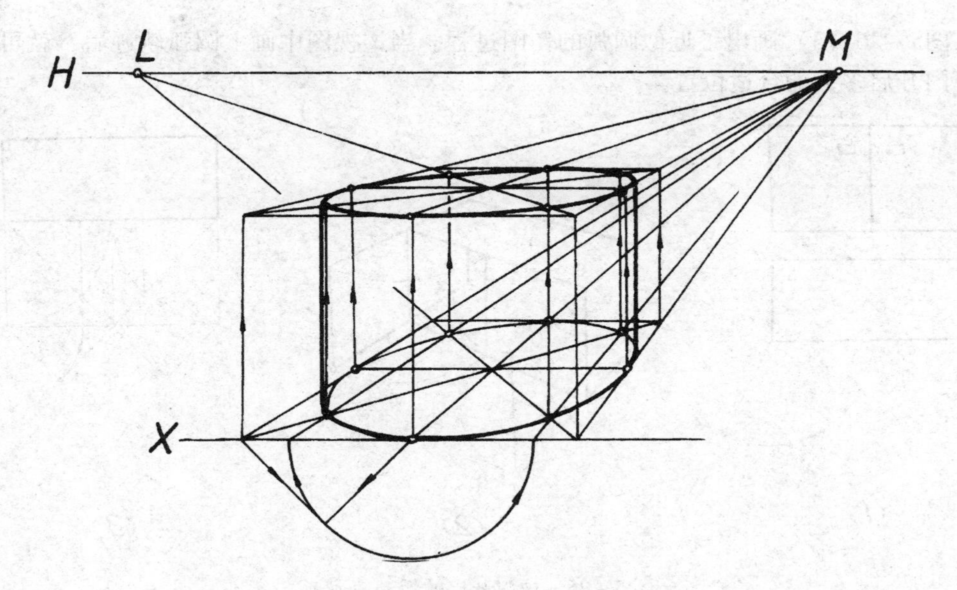

图 5－24　圆柱的透视（二）

然都看得见，但因较扁作图不易准确。由此可见具体作图要视情况而定。

（三）轴线平行于基面时的圆柱

如图 5－25 所示，同样可按图 5－22 所示方法作出前后两个圆的透视，以过轴线的灭点作两条公切线即成，具体作图时同样可利用图 5－24 移点方法，后面圆只画看得见的部分椭圆曲线。

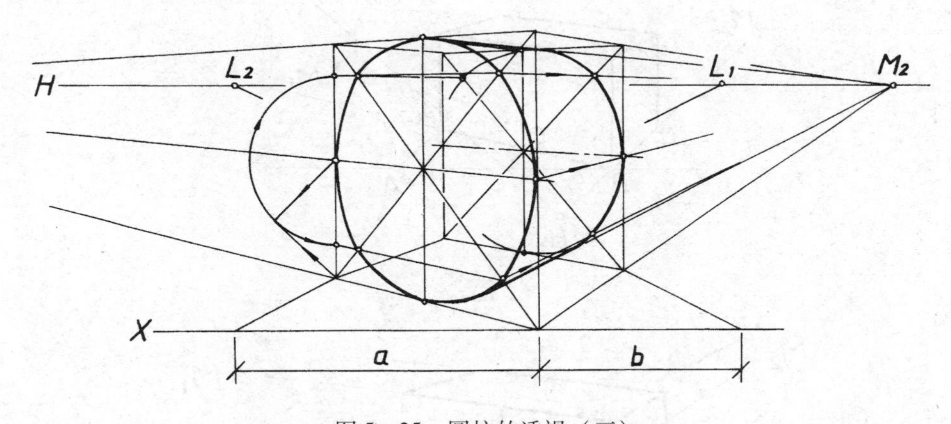

图 5－25　圆柱的透视（三）

三、画透视圆的应用

在画柜类家具透视图时，往往要求能显示柜子内部的功能设计，如隔板、抽屉、挂衣杆等的数量和布置，这也是柜类家具设计的重要内容之一。其中柜门除了移门、翻门外，常见的是拉门。这里介绍的是拉门打开时的透视画法。画时首要考虑显示内部结构外，还要注意门在打开位置时的透视是否合适，不产生过多变形。因此画开门柜子的透视图时常用的是先画出门开启过程的轨迹透视，即一部分圆弧。如图 5－26 中画出了两个四分之一圆弧，图5－26（3）画出了近似圆弧的作图过程。当透视图中画上圆弧轨迹后，就可自由地选择门开启多大的合适位置。

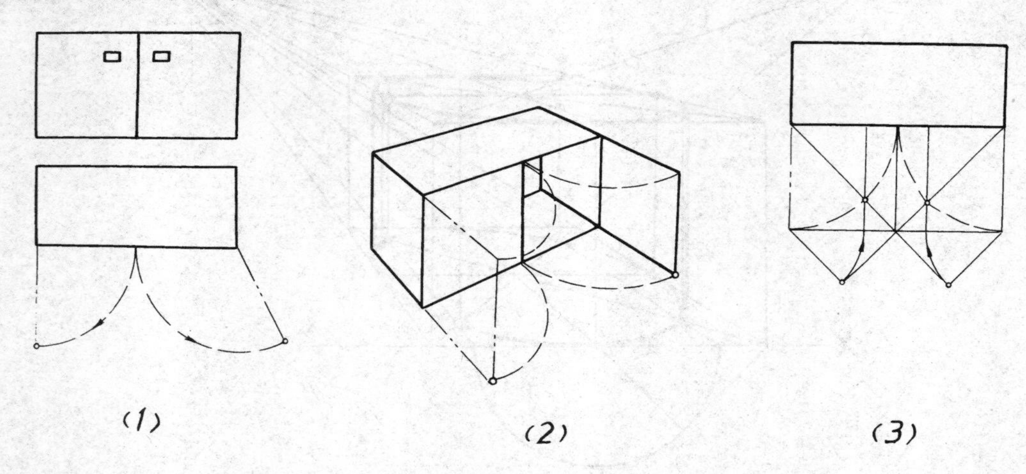

图5－26　拉门开启的活动轨迹

具体作图过程：

（1）首先利用量点 L 作出门开90°时的位置，见图5－27（1）。图中 AC、BC 为门的

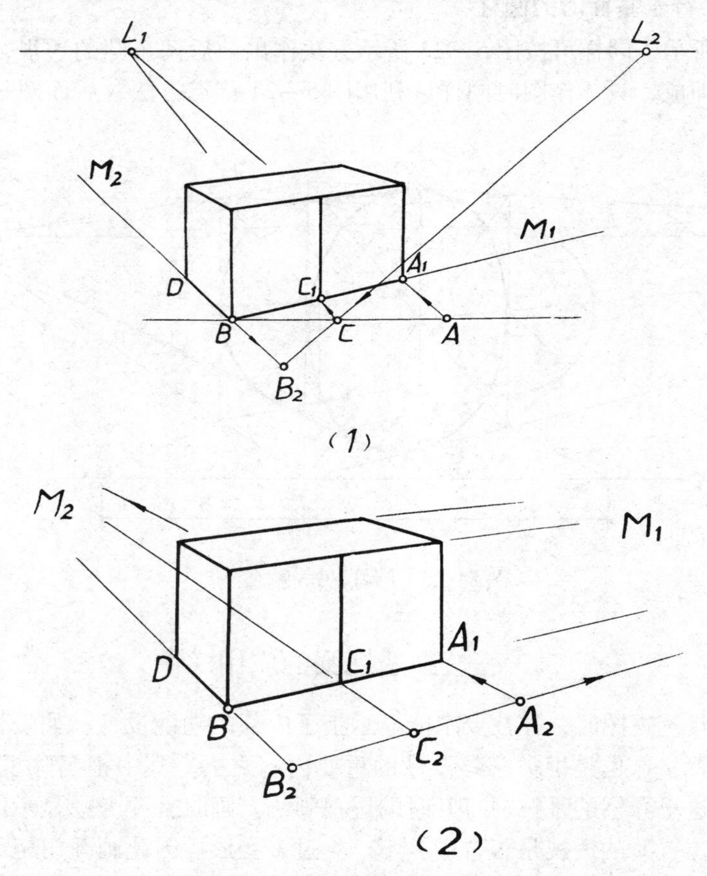

图5－27　柜门开启活动范围的确定

实际宽度，从深度方向的量点 L_2 作 L_2C 延长交于 DB 延长线上，即得 B_2 点，BB_2 即为 BC_1 开启 90°时的位置。

（2）见图 5－27（2）。有了 B_2 点，就可利用两灭点画出两个方形的透视即 $BB_2C_2C_1$ 和 $A_1A_2C_2C_1$，这两个方形就是两扇门开启的活动范围。

（3）在两方形透视中各作对角线。注意方向要从两铰链位置水平投影作为圆心那一角画出。如图 5－28（1）上 A_1C_2 和 BC_2。

（4）求对角线上的辅助作图点 E、E'，具体作法见图 5－28（1），这样就可画出近似圆弧曲线轨迹的透视，见图 5－28（2）的虚线。

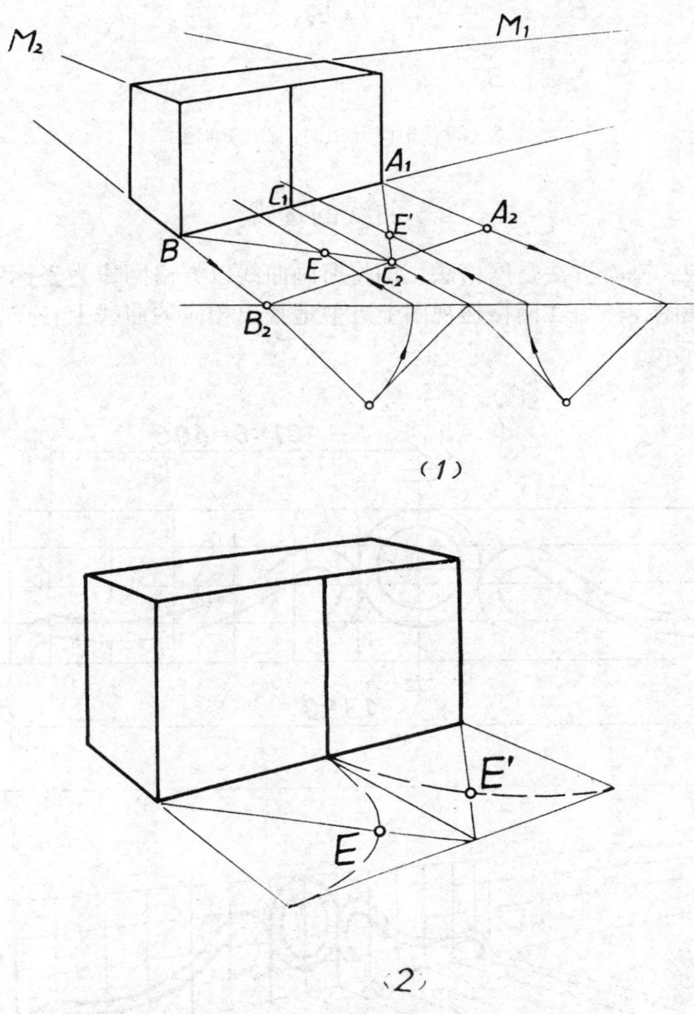

图 5－28　柜门开启 90°的活动轨迹透视作图

（5）有了轨迹的透视，门开启位置就可随设计者意图任意选定，如图 5－29 所示。其中门在不同开启位置时的高度确定方法见图 5－29。如定 E_1 位置，则连 E_1A_1 延长与视平线交于 H_1 点，即为门上下边线的灭点。由 H_1 过柜顶上 G 点延伸与 E_1 垂线相交于 G_1 点，E_1G_1 即为所求。图中还画了 E_2 位置时 E_2G_2 的画法，可见作图方法完全相同。

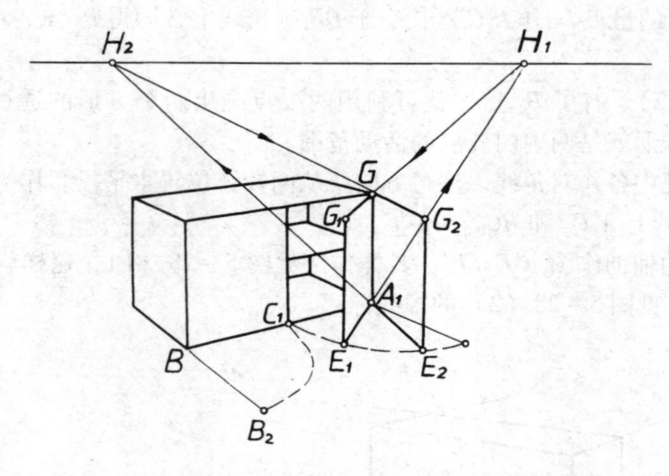

图 5－29　柜门开启时门高的确定

四、曲线的透视

画曲线的透视，基本方法是网格法。即将所画曲线以方格网作为坐标定位曲线上各个点。画网格的透视图，然后在网格透视图上近似地找出相应的曲线上各点，并进行光滑连接，如图 5－30 所示。

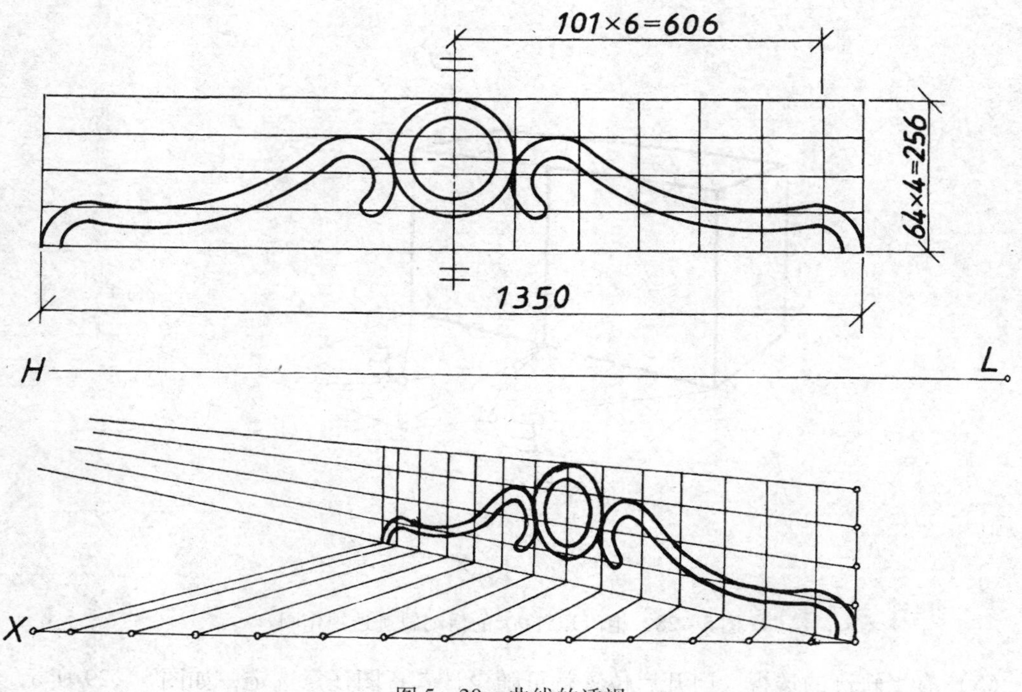

图 5－30　曲线的透视

对于带曲面的家具，特别是沙发之类的软体家具，画透视图的方法是先将要画的曲面立体部分用外切长方体框起来，相当于画圆先画方一样，然后画出长方体辅助框的透视，再在其中勾画出曲面立体。如图 5 - 31 所示的沙发，画透视图时先用直线框定各曲线部分，然后画直线框的透视，如图 5 - 32（1）所示，画出各框的透视后，再在其中近似画出曲面立体的透视，如图 5 - 32（2）所示。当然这样画透视比较近似，作为一般作图已可满足需要。

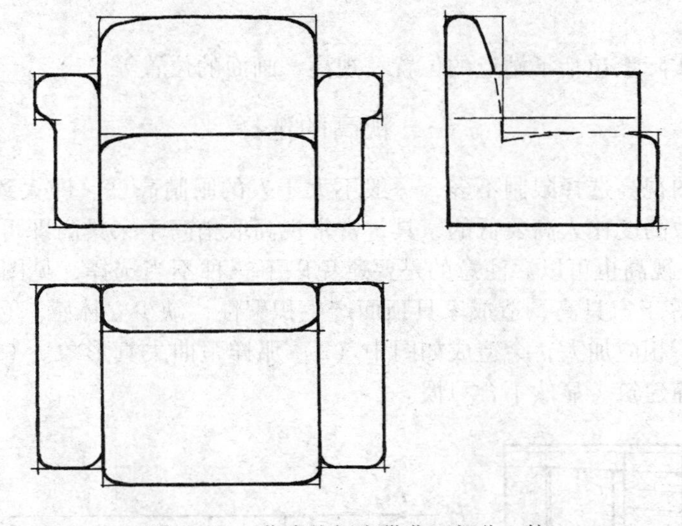

图 5 - 31　作直线框定带曲面部分立体

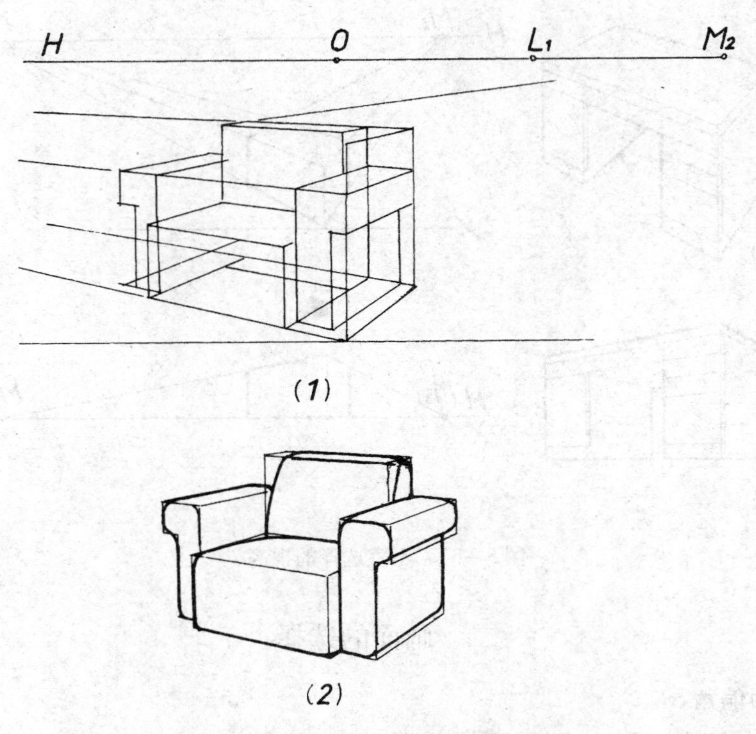

图 5 - 32　沙发的透视图画法

第四节　视点位置的选择

透视图由于视点、画面等位置不同，同一件家具可以画出各种不同形象的透视图。当视点选择不当时，还将可能画出歪曲失真形象的家具透视图，所以我们必须学会正确选择视点的位置。

视点的位置实际上包括了站点的位置、视高、画面的位置等。

一、视高的选择

画家具透视图视高选择限制不多，一般不大于人的眼睛高度。即大致1.6m左右或更低些。对于大多数高度比人高要低的家具，常常视高取稍高于家具高即可。如对于坐具类凳子、沙发取1m视高也可以。注意的是要避免以下三种不当选择，见图5－33所示。其中，（1）是视高等于家具高，造成家具顶面产生积聚性，缺少立体感。（2）是视高过高，如果这时视距再不相应加大，会造成如图中（2）那样歪曲失真形象。（3）是视高偏低，结果桌子有似一幢建筑，显然不合习惯。

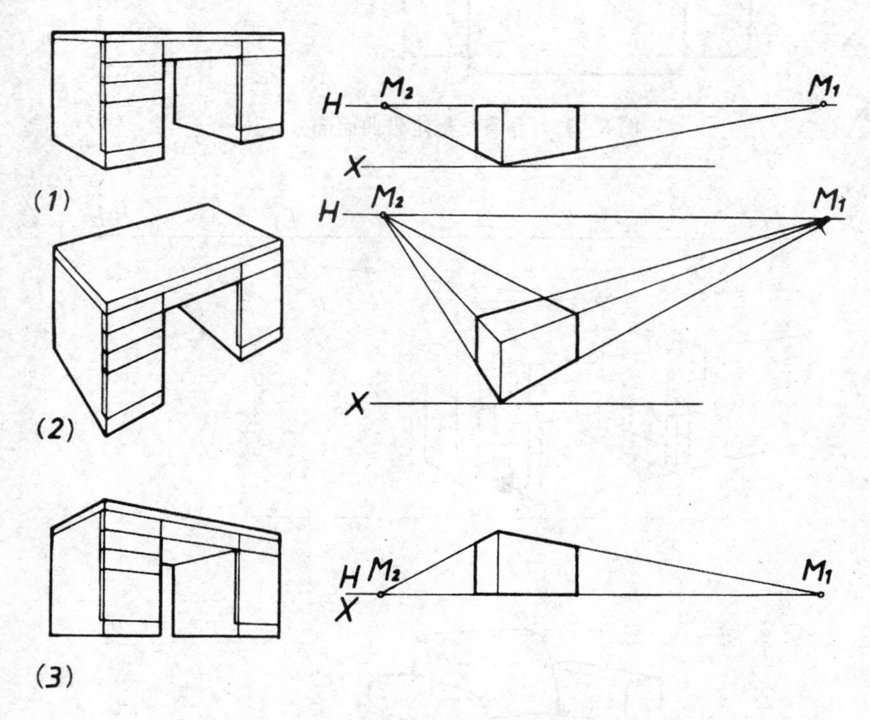

图5－33　不宜选择的视高

二、画面的选择

（一）画面偏角 α

为了更好地表现家具，一般画面与家具正面的偏角α应小于与侧面的偏角。建议取20°~40°，用30°较为常见。图5－34中画了三种不同偏角的结果，第一种画面 P_1 偏角为

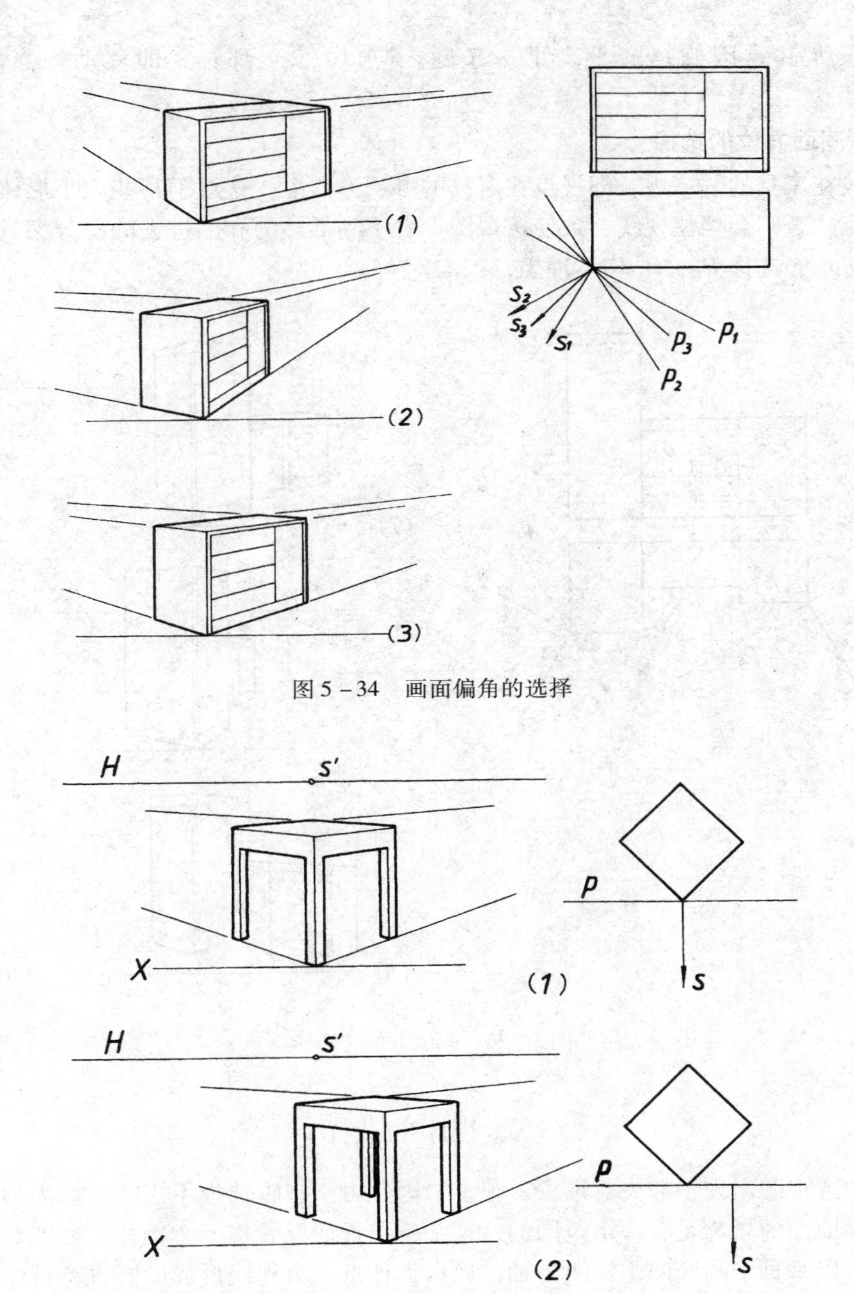

图 5-34　画面偏角的选择

图 5-35　画方桌透视画面偏角的选择

30°，第二个画面 P_2 偏角为 60°，第三个画面 P_3 偏角为 45°，其结果可见左边（1）、（2）、（3），可以比较，30°偏角较满意，60°偏角正侧面表现反常，应避免选择这个偏角。

对一些形状特殊的家具，如正方形桌面的中式餐桌或茶几之类家具，就不宜用 30°偏角来画，因 30°偏角突出正面兼顾侧面，主次分明。而正方形两边没有主次之分，画 30°偏角的画面上会感到不像正方形而像矩形，所以一般可用 45°偏角，如图 5-35 所示。但要避免如图 5-35 中（1）所示，两灭点位置完全对称，结果造成图形完全对称，显得呆板，尤其是因遮挡似乎少了一条腿。应以（2）那样，即移动视点的位置来改进。

（二）画面方位的选择

画面放在家具的哪一边，即视点在家具的哪一方向上。这对于某些大小形体组合的家具尤要注意，否则会挡住视线，致使透视图上看不到低矮的和凹进去的部分家具结构。如图 5－36 所示，选择 P_1、P_2 均不理想，P_3 就较好。

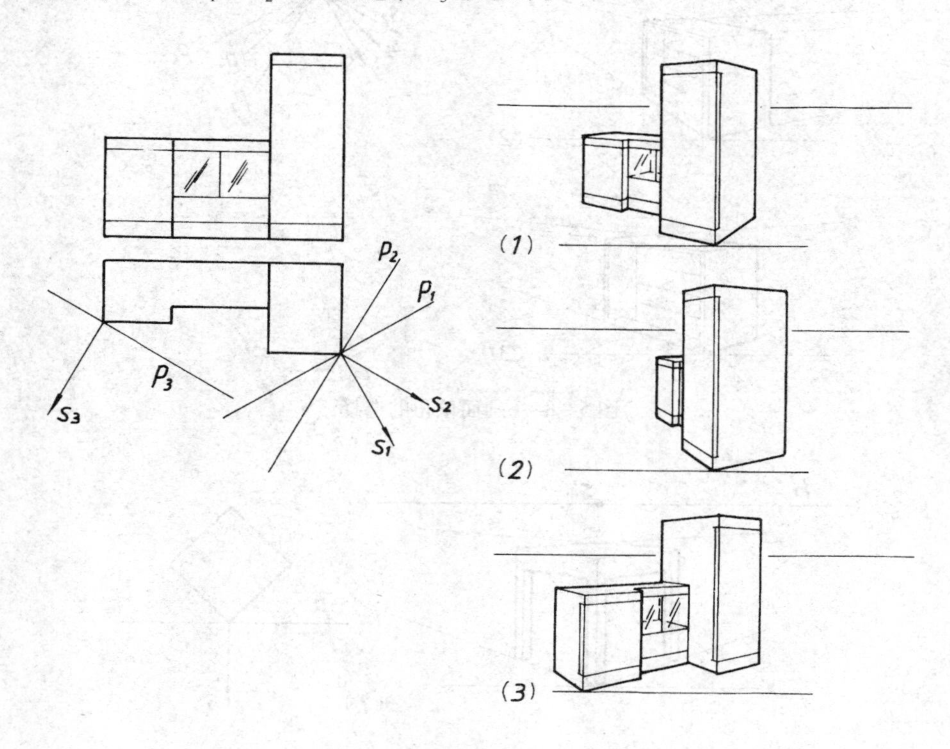

图 5－36　画面方位的选择

三、视距的选择

画出的透视图出现歪曲失真形象，很多原因是由于视距选择不当造成。因为人的眼睛清晰地观察前面的景物是有一定范围的，这个范围近似可看作一个锥体，如图 5－37 左图所示。这个以垂直于画面的主视线为轴，视点为顶点，由视线形成的圆锥称视锥。正常视锥的顶角为 60°左右，因此透视形象落在正常视锥范围内就不会出现歪曲失真形象。

具体应用见图 5－37。（1）是垂直方向上或说侧面投影，图上一大衣柜是在正常视锥范围内，说明选定的视距视高是可行的，但这只是垂直方向，还要看水平方向上。见图 5－37（2），同样的视距条件下，该衣柜仍在正常视锥范围内。对一般家具来说，往往在垂直方向上能满足视锥角 60°条件时，水平方向通常都不会越出正常视锥范围，因此确定视距就可按视高的倍数来计算，如图 5－38 所示。设视高为 h，则视距为 $2h$ 时视锥角约为 53°，说明即可以，但已是最小视距。常用视距是 $2h \sim 3h$，$3h$ 时视锥角约为 37°。

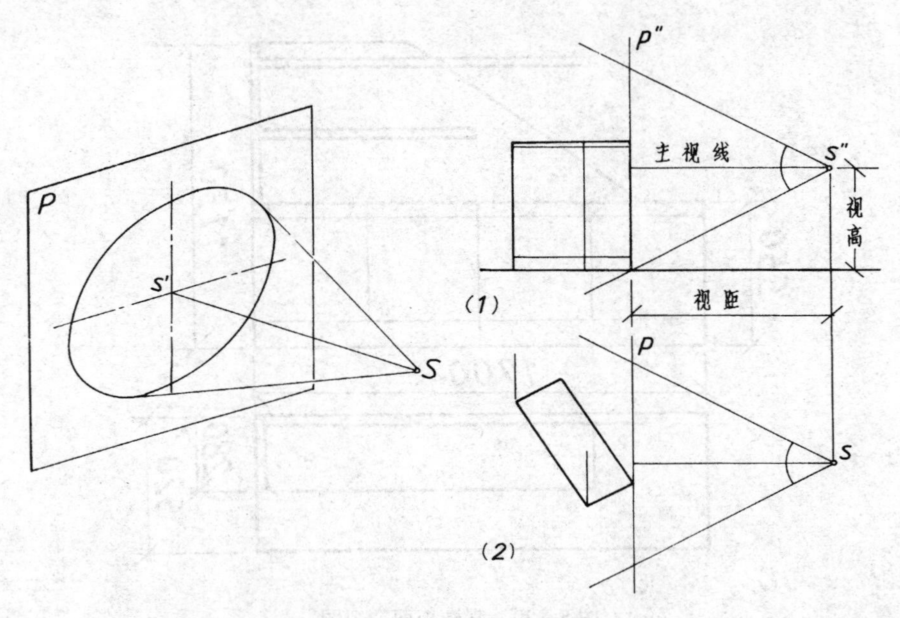

图 5－37　视锥与视距选择

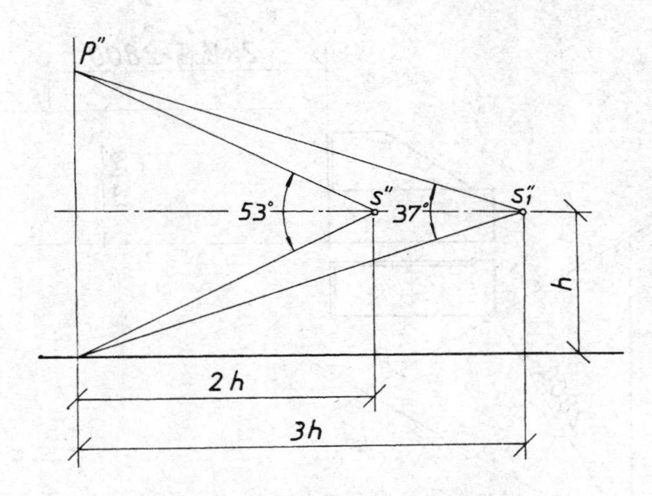

图 5－38　视距视高与视锥角的关系

四、视点选择举例

现举例说明以上的各项要求选择原则，如画图 5－39 所示一橱柜。

（一）首先决定应画二点透视

画单件家具的透视很少用一点透视。画面应与家具正面成一定偏角，从方位上看应在左前方，见图 5－40，*P* 位置与正面成 30°。

（二）确定视高

已知家具高 1150mm，应比此尺寸略高些，现选定视高 1400mm。

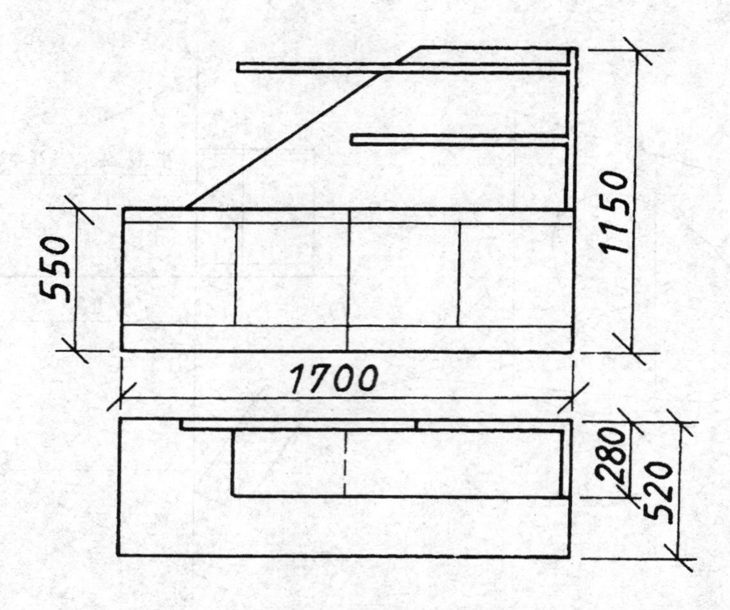

图 5－39　某橱柜两个视图

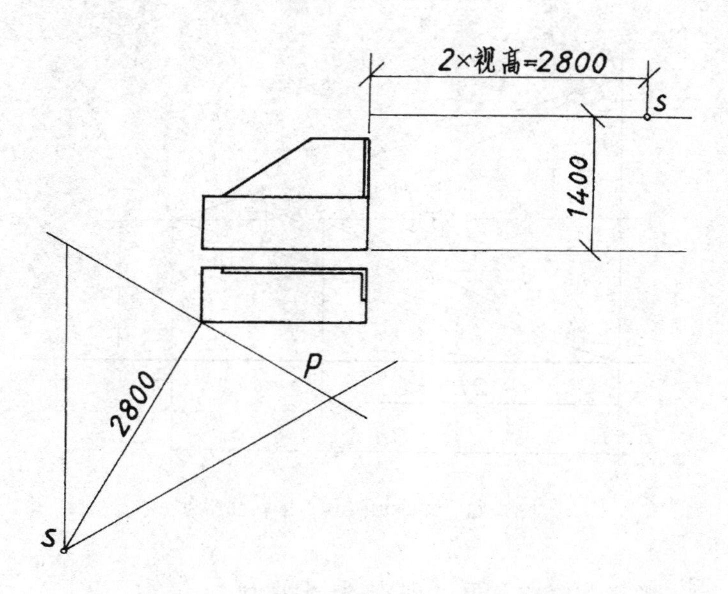

图 5－40　画图 5－39 中橱柜透视的视点选择

（三）由视高乘以 2 倍得 2800mm 选为视距

注意这是最小视距，所以再到水平投影上核查一下，会不会视锥过大，从图上左下方可看到应无问题。

（四）根据视距、偏角计算灭点、量点位置

按前述量点法作透视图，见图 5－41。

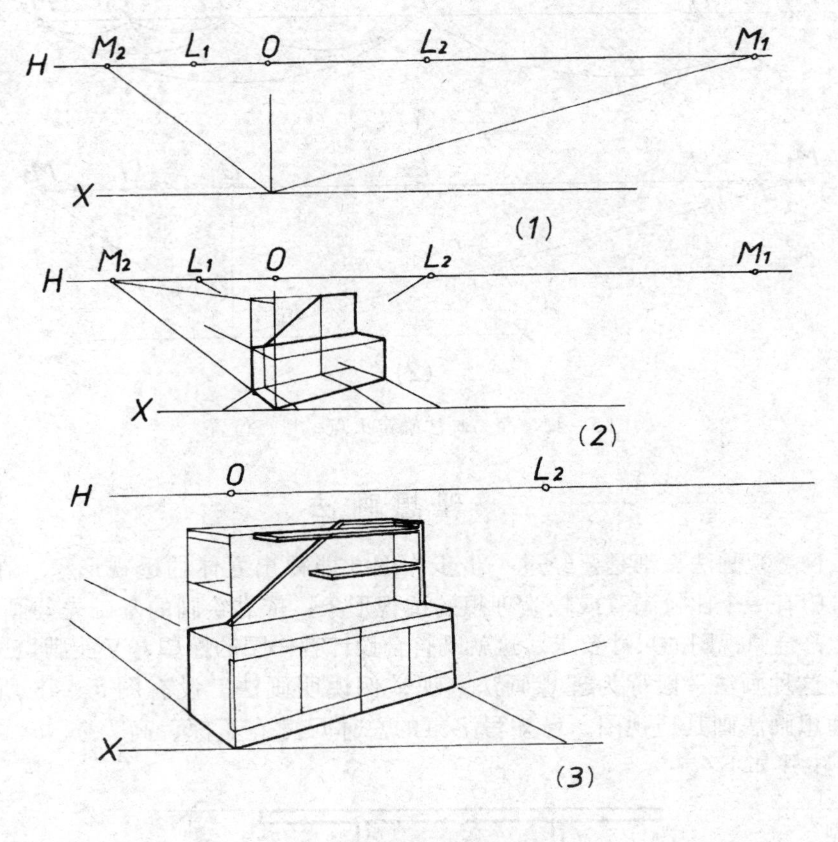

图 5 – 41　橱柜透视图做法

第五节　透视图实用画法

一、简 易 画 法

前述用量点法画家具透视是比较方便的画法，但当我们选定视距之后，灭点、量点的位置还是要通过计算得到。当然可以将常用的数据列表备查，但毕竟不够方便。这里根据前述原理介绍一个更为简便易记的确定灭点、量点位置的方法。即首先确定视高，以视高的 5 ~ 7 倍为两个灭点 M_1、M_2 之间的距离。取 M_1M_2 中点为量点 L_2，再取 M_2L_2 段中点即为 O 点，再取 OM_2 中点则为 L_1。这个确定灭点、量点的方法是近似的，如图 5 – 42 所示。画面偏角为 30°。

画时要注意 M_1、M_2 的左右安排，避免出现家具正面与画面成 60°偏角。

另外次透视迹点位置也不一定在 O 点下方，可以视需要作左右移动，即左右移动视点的位置。

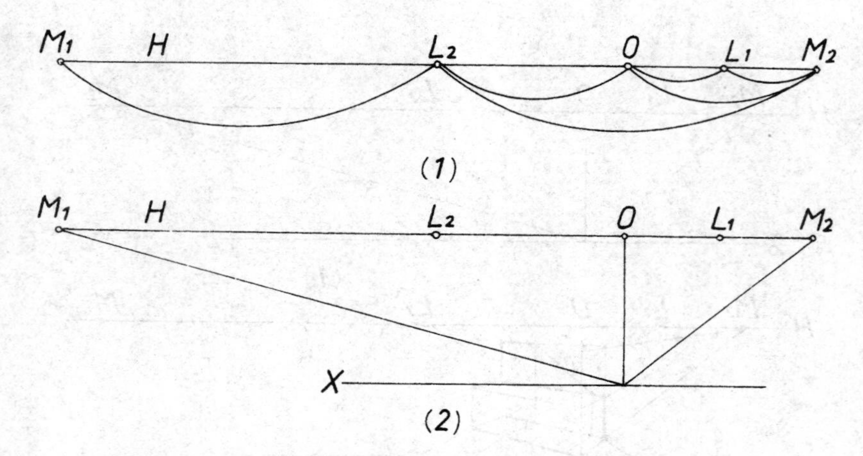

图 5－42　简易画法确定灭点、量点位置

二、理想画法

以上各种透视画法，都是要经过一步步作图才能得出立体的透视形象。在设计过程中，常常希望有一个比较满意或较为理想的透视形象，依靠绘画的基础先勾画出透视图，然后使其能符合原视图的尺寸要求。这就既符合设计者作图的愿望，又能满足透视图的尺度正确性，这种画法一般称为理想画法，现举例说明画法。设有图 5－43 所示一写字桌，现用理想画法画其透视图。已知写字桌的总体尺寸宽、深、高为 a、b、c。画法见图 5－44，步骤如下：

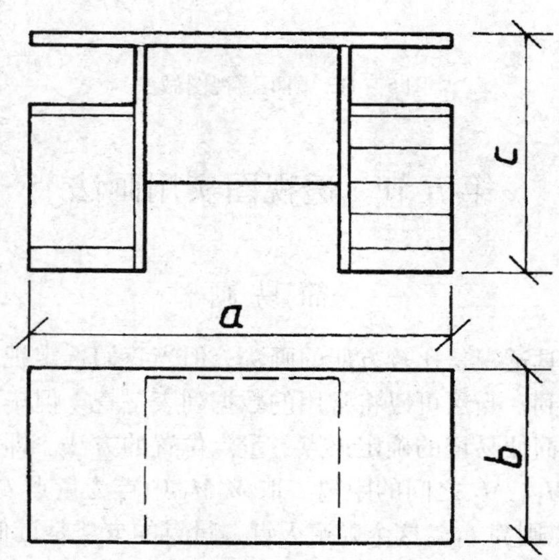

图 5－43　写字桌的两个视图

（1）先画一理想透视形象（外形轮廓即可），其中使最前面的垂直棱线为真高 c，或乘以一个正整数 n，见图 5－44（1）上为 nc。

（2）以已定的正面透视宽度与实际宽 na 连线交视平线上即为 L_1 量点。

（3）由 M_1、M_2、L_1 反求 L_2 量点以验证透视立体的深度是否符合尺寸要求，见图

5－44（3）。求法如下：在图形上方取一点 A，向两灭点连线 AM_1 和 AM_2，再在适当高度画一水平线与两线交于 m_1 和 m_2 两点，以 m_1m_2 长为直径画半圆。连 L_1A，交 m_1m_2 线于 l_1，以 m_1 为圆心，m_1l_1 长为半径画圆弧交半圆于 s 点，再以 m_2 为圆心，m_2s 长为半径画圆弧交 m_1m_2 线上 l_2 点，连 Al_2 并延长与视平线 H 相交得交点 L_2，以 L_2、nb 尺寸连线校核已画的透视立体深度，如图 5－44（3）中，打一问号处，可见原先画的透视深度不够，要再深些就对了。如果认为这深度不能改，那就要改正面的透视宽度，即由此变动 L_1 的位置来满足，直至两量点和尺寸均符合要求为止。

（4）最后根据求出的量点（灭点）和透视外形，细画其中各细部透视图，如图 5－44（4）所示。

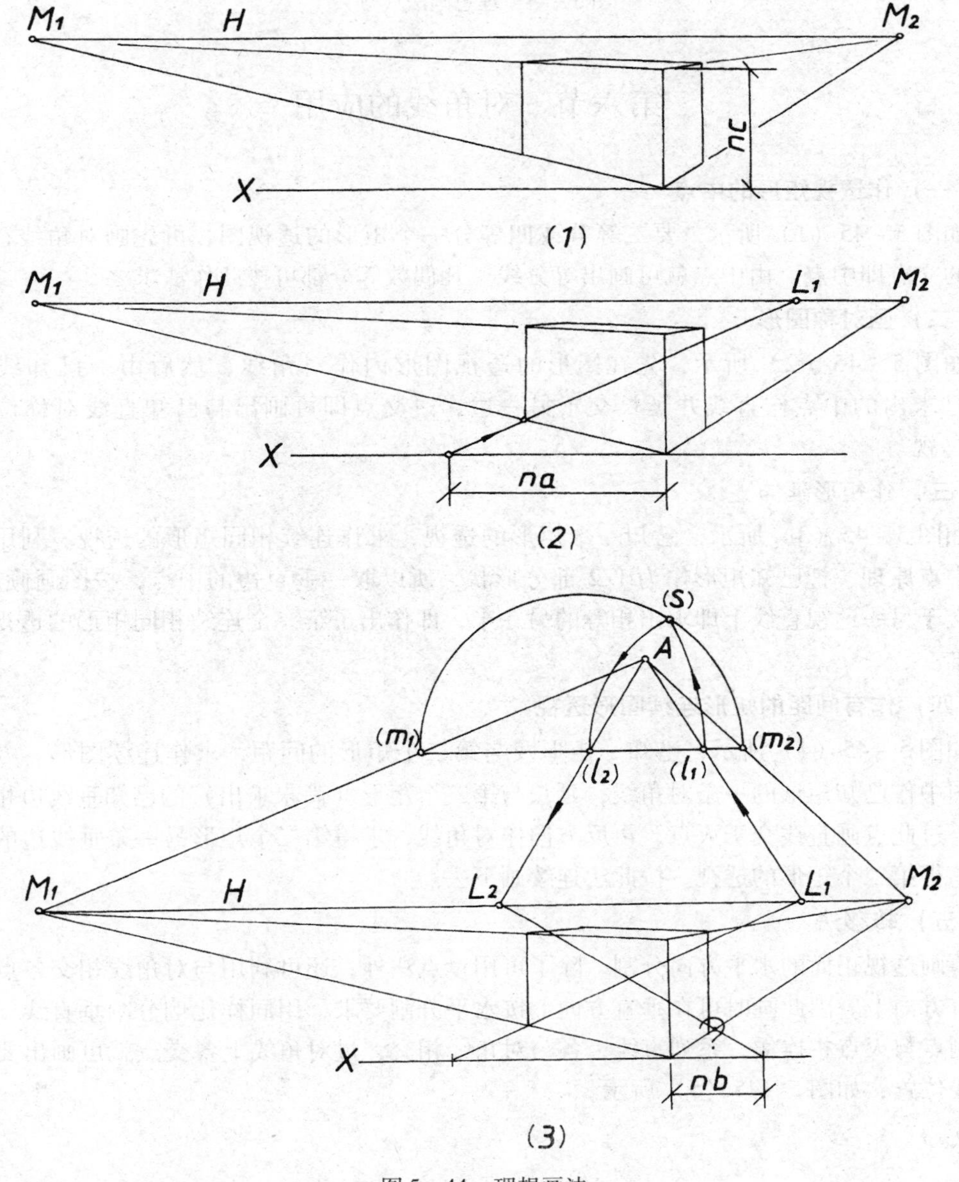

图 5－44　理想画法

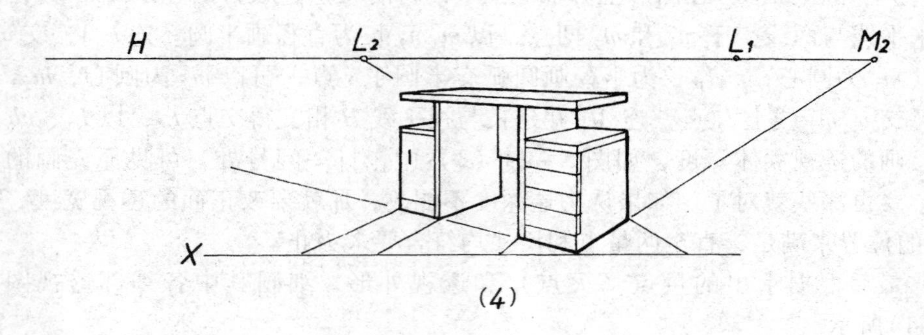

图5-44　理想画法（续）

第六节　对角线的应用

（一）作透视矩形的中点

如图5-45（1）所示，要二等分或四等分一个矩形的透视图，可先画对角线，两对角线的交点即中点。由中点就可画出等分线。凡偶数等分都可按此作法求之。

（二）画对称图形

如图5-45（2）所示，先在矩形的透视图形内作对角线，然后由一已知线条一端过已求出的中点作直线并延长交于另一边，过交点即可画出与已知直线对称位置的直线透视。

（三）作矩形延伸

如图5-45（3）所示，已知一个矩形的透视，求作连续相同矩形的透视。利用对角线求中点原理，把已知矩形作为1/2部分形状，所以取一垂直边的中点，按图画倾斜线，延长交于另一透视直线上即求出相等的另一半，即作出了第一个连续相同矩形的透视。以此类推。

（四）作有间距的矩形连续图形透视

如图5-45（4）所示，已知一矩形及与第二个矩形的间距，求作连续图形。方法是可按图中作已知矩形的一条对角线，延长与第二个矩形（尚未求出）的已知垂线边相交于一点，过此点画直线交于灭点，再反方向作对角线，求得第二个矩形另一条垂线边的透视位置，得第二个矩形的透视。按此法连续画下去。

（五）转移法

要画透视正面的水平方向分割，除了可用量点法外，还可利用与对角线相交各点转移到垂直方向上。因此画时可在垂直方向上按水平分割要求，用同样比例分割垂直线，过这些分割点与灭点相连作一系列直线，各与对角线相交，过对角线上各交点就可画出要求的垂直线位置，如图5-45（5）所示。

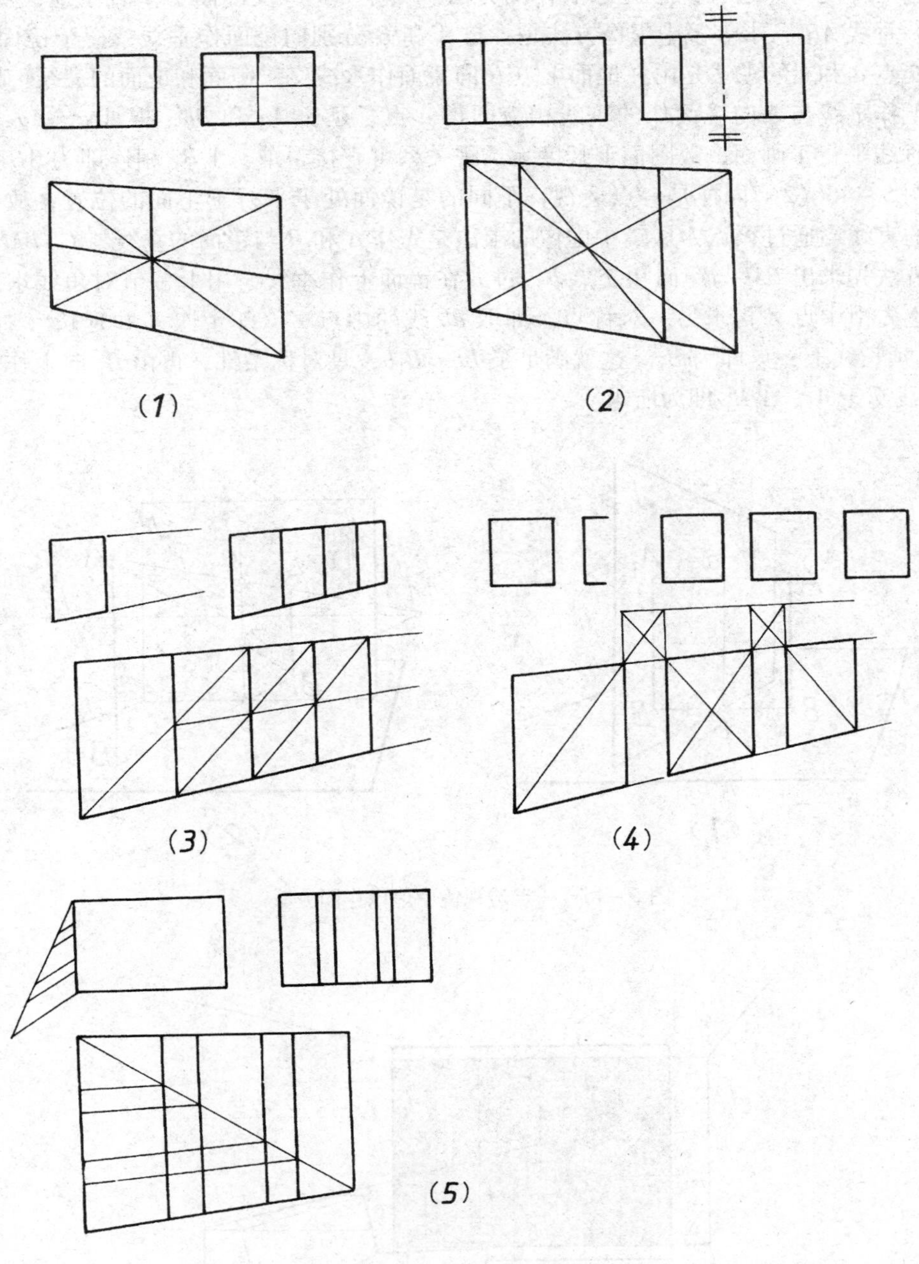

图 5－45　对角线的应用

第七节　镜 中 虚 像

画带镜家具和室内家具陈设时，镜中虚像是不能忽略的。镜中虚像的大小、位置如画错就会显得图面失真。镜中虚像是以镜面为对称平面，镜中虚像和镜外实物呈完全对称。

图 5－46 是一点透视镜中虚像的作图方法。其中（1）设镜面 J 垂直于地面和正面，镜前是一垂线 AB，求作镜中虚像方法是：自 A 和 B 分别向镜面作垂线，交于镜面 a 和 b 两点，交点 a 和 b 的求法是由在地面上点 B 向镜面作垂线交于镜面和地面的交线上即为 b，由此向上作垂线与 A 向镜面作的垂线相交即得 a 点。延长 Aa 和 Bb，取 $A_1a = Aa$，$B_1b = Bb$，因垂线平行于画面，故图面上长度无透视关系可直接量取。A_1B_1 相连即为 AB 的镜中虚像。图 5－46（2）同样是一点透视，不同的是镜面处于平行于正面的位置，故作垂直于镜面的直线当通过灭点 M。镜中虚像的求法是先作 A 和 B 与镜面的垂线 AM，BM。与上面同样方法先求出 BM 与镜面 J 交点 b，过 b 在镜面上作垂线，用上一节对角线求中点方法，反之先由中点 Z 再求另一对称点。即取 ab 线的中点 Z，自 A 连 Z 并延长（对角线）交于 Bb 延长线上一点即为 B_1。这就满足了 $Bb = B_1b$，具对称条件，再由 B_1 向上作垂线与 Aa 延长线交于 A_1，A_1B_1 即为所求。

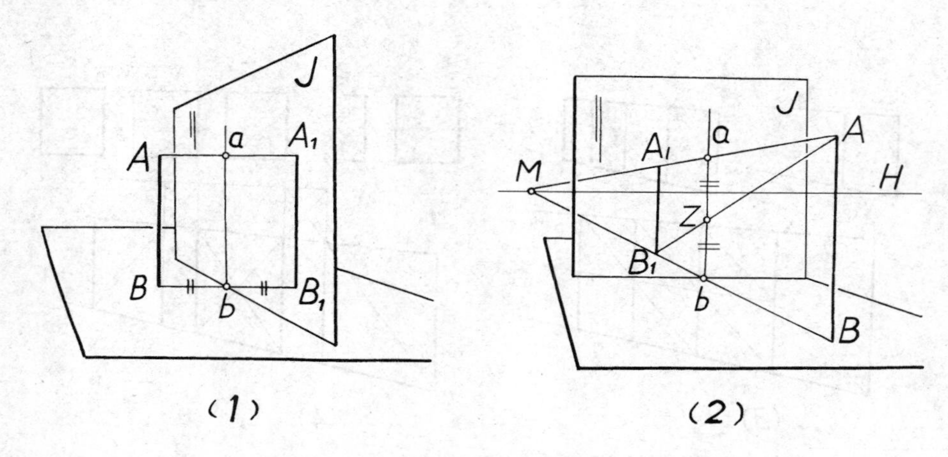

图 5－46　一点透视镜中虚像作图方法

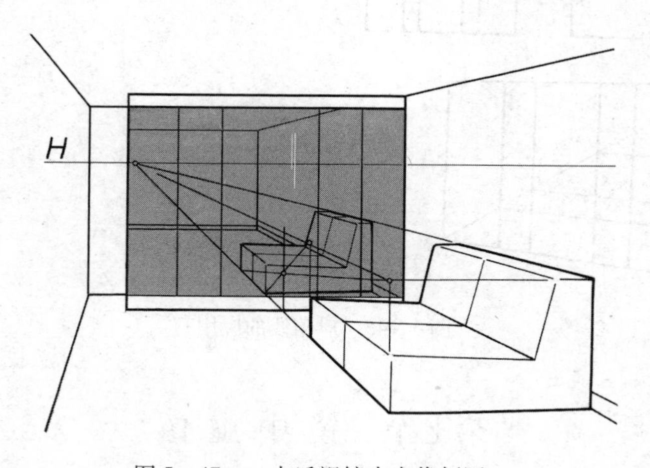

图 5－47　一点透视镜中虚像例图一

图 5－47 为室内一点透视，大衣柜镜面为正面时沙发形体的镜中虚像。即用对称中点方法求出。镜中虚像除沙发外，还要注意室内其他细节，如踢脚线、对面墙等。

图 5－48 为一点透视室内带窗洞的一面，大衣柜镜面为侧面。这时镜中虚像的求法可按图 5－46（1）中取两边等长的方法求得。图中仍用了以对角线求中点方法。画正面墙上窗洞虚像时，注意镜面的位置，即要扩展镜面大小作出与墙面交线，找出对称中心线然后画出。避免以墙角线作对称中心线，因镜面与侧墙有一柜深的距离，这是画窗洞镜像时容易画错的部分。

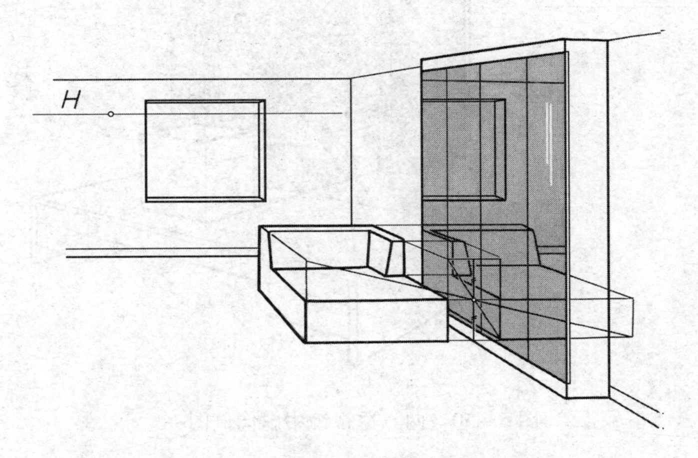

图 5－48　一点透视镜中虚像例图二

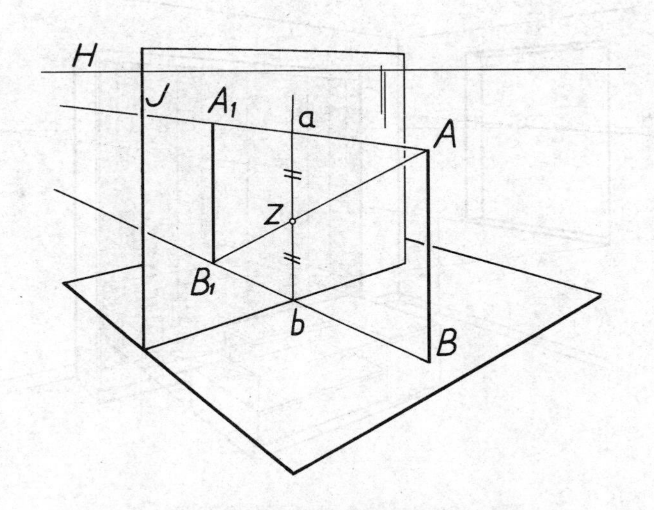

图 5－49　两点透视镜中虚像作图方法

图 5－49 是两点透视镜中虚像求法。方法原理与前面讲述相同。要注意向镜面作垂线的灭点。一般情况下因两灭点即两方向呈垂直位置直线的灭点，即可用之。如果镜面不与墙面平行，那就要注意向镜面作垂线的灭点要另外找出。

图 5－50 为两点透视镜中虚像求作例图。图中因物件高度较小，取中点 Z 误差较大。故往往如图上这样，增加适当高度，如至 A 点，再用同样方法取中点求对称点。这常用来画较低高度物体镜中虚像的方法。

从图 5－51 镜中虚像例图二中，可看到镜中虚像与镜外小柜是完全对称的。注意“对称”，不要画成相同。墙上窗洞的镜中虚像求法在图上就画出了对称中心线的位置。同样用中点求法作出。当然不在镜面范围内就不用画出。

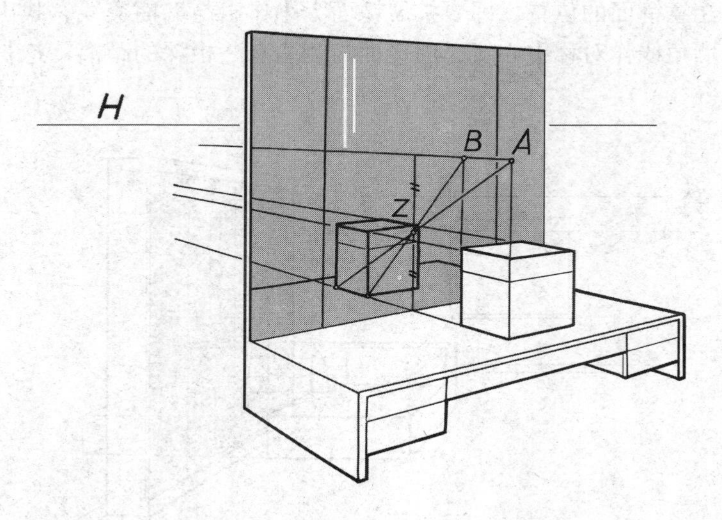

图 5－50　两点透视镜中虚像例图一

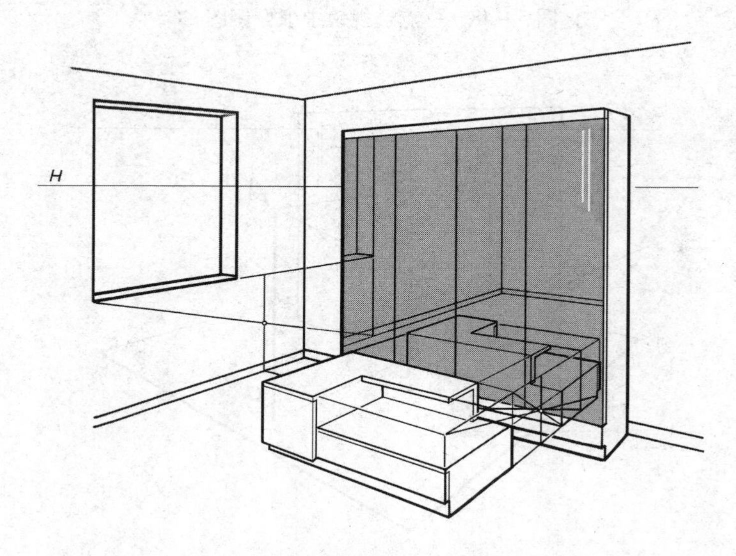

图 5－51　二点透视镜中虚像例图二

参考文献

［1］中华人民共和国轻工行业标准 QB/T 1338—2012 家具制图［S］. 北京：中国轻工业出版社，2013.

［2］中华人民共和国轻工行业标准 QB 1338—91. 家具制图［S］. 北京：轻工业部标准化研究所，1992.

［3］中华人民共和国国家标准 GB/T 14692—93. 技术制图　投影法［S］. 北京：中国标准出版社，1993.

［4］中华人民共和国国家标准 GB/T 14691—93. 技术制图　字体［S］. 北京：中国标准出版社，1993.

［5］中华人民共和国国家标准 GB/T 14689—93. 技术制图 图纸幅面和格式［S］. 北京：中国标准出版社，1993.

［6］中华人民共和国国家标准 GB 3326—82. 桌、椅、凳类主要尺寸［S］. 北京：中国标准出版社，1982.

［7］中华人民共和国国家标准 GB 10166—88 家具功能尺寸的标注［S］. 北京：中国标准出版社，1989.

［8］中华人民共和国国家标准 GB 10609. 1—89 技术制图　标题栏［S］. 北京：中国标准出版社，1989.

［9］周雅南. 家具制图［M］. 北京：中国林业出版社，1992.

［10］周雅南. 家具制图［M］. 北京：中国轻工业出版社，2015.

［11］商庆清，孙青云，孙志武. 工程图学［M］. 北京：科学出版社，2013.